U0005019

飛機設計與運作原理

王皞天　著

晨星出版

審定及推薦序

　　皞天曾上過我開授的航太工程概論課程，2022 年他寫了第一本「戰鬥機設計與運作原理」邀我審定，該書確實可以充當大一航太工程概論的教科書或參考書。由於航太領域並非國內主要產業的領域，因此，許多術語均無法如日本那樣有較為完整的翻譯，寫書的人就更少了。然而，今年皞天再拿「飛機設計與運作原理」這本書邀我審定時，我既感驚訝又擔心無法及時審定，因為本書多以民航機之設計概念為主，但國際上無論是 Airbus 或 Boeing 都鮮少去寫民航機的設計相關書籍，因此，本書需要作者由過去所讀過或看過的資料中，整理出他對民航機設計與運作原理的一些看法或想法。像這樣一個跨領域的任務，皞天無疑是具有非常大勇氣來挑戰，但也需要細心逐章統整不同領域的知識，彙整航太大系統所整合多種領域的深入學理才能完成，應該是很大的挑戰。過程中，我自己也有很多觀點反覆與他討論，或澄清我們彼此所看到的一些觀念上的差異。

　　這本書承襲前書的風格，為一本介於科普與專業之間的書。因此，我也願意鄭重地推薦給各大學具有航太系或機械相關系所有開授航空概論的課程使用。本書強調以民航機為主，而前書以戰鬥機為主，都是國內不可多得的自產航太系列叢書，也是眾多非本科的航太迷最佳的進階知性參考書。

　　最後，看到作者在年輕時就有這麼好的寫作動力，期勉作者繼續努力，航太科技無庸置疑是人類未來先進交通載具所必備的

重要科技，無論在地球上或邁向太空宇宙，未來航太科技需要有更多年輕人投入，台灣如何在半導體外，找到另一座護國神山？航太應該是最具潛力的一個產業。

國立成功大學
航空太空工程學系教授及前系主任

賴維祥

2024 年 1 月 30 日

推薦序

　　在這個充滿科技與創新的時代，飛行已然成為全球化下與人類經濟及社會生活密不可分的基礎工具之一。從最初遙不可及的人類夢想，至現今日新月異的現代航太工業，飛機始終承載著人類對於天空的探求及渴望，而欲窺探箇中奧妙，飛機的設計與運作原理一直是引人入勝的話題。本著將帶領您深入探索這個令人著迷的領域，深入淺出揭示飛行背後的物理奧祕及設計工藝，並解析飛機如何在蔚藍天空中安全地航行。

　　作者皞天來自成功大學航太系／所，本身對於飛機設計充滿無限的熱誠，以其豐富的航空知識和熱情，精心編撰而成，本著以與飛行息息相關之基礎空氣動力學開啟討論，引領讀者進入飛機設計原理的世界。透過對空氣流動的分析，解說飛機是如何在充滿變數及挑戰性的大氣中穩定飛行。接著詳細介紹大型發動機之設計，從基本熱機循環的熱力學知識到渦輪風扇與渦輪噴射引擎之設計與運作原理、發動機的推力與飛機的反推力之原理與細節等航空工業知識皆有詳盡介紹。此外，還有對機體結構、機翼、尾翼等之設計、航空電子系統以及飛機次系統與整機安全性設計的全面性說明，並使用淺顯易懂的文字、大量的實體照片與圖示，搭配專業基礎的理論方程式，相信讀者對飛機之設計與運作各方面都能更加深入了解。

作者對於航空科學滿著熱情，時常在社群媒體上分享有關航空知識的文章和討論。他不僅將自己的專業知識與眾分享，更為非本科系的航空迷們提供了一個寶貴的平台，讓大家可以共同探討、交流對於飛機的熱愛與理解。

這本書籍的誕生，正是作者對於航空事業的熱情所凝聚而成，這本書不僅適合專業的航空工程師和飛行員，也適合對航空科學感興趣的讀者。無論您是對飛行技術充滿好奇心，還是希望深入了解飛機背後的科學原理，從而更好地欣賞這項人類科技的壯麗成就，這本書都將為您提供豐富的知識和深刻的見解。

透過這本書，我們能夠深入瞭解飛機的運作原理，請讓我們一起感謝作者之努力與貢獻，並共同探索空中世界的無盡可能性。

希望這本書能夠激發您對航空科學的興趣，並帶領您展開一段奇妙的飛行之旅。祝您閱讀愉快！

長榮航太科技公司 協理

洪先祥

2024 年 2 月 1 日

作者序

　　序，對我來說，是整本書中我唯一可以和大家聊聊這本書的故事、我對這本書的看法的機會。

　　2021 年 10 月，我把自己在成功大學航太系所學的一些主要內容，彙整成一本精簡的 Google 電子書「飛行器簡介」，免費在網路上分享。其實，那本電子書只是由五、六篇文章構成，很概略地來淺析飛機設計所用到的基本原理。在一些 FB 粉專、YT 頻道的友情推廣下，那本電子書獲得了很不錯的迴響，也讓後來的一切有了開始發展的機會。

　　約莫半年後，我決定把電子書的內容大幅擴增至五、六倍，並投稿到出版社。很感謝晨星出版社當時接受了我的投稿，讓我有這個機會，將自己研究飛機的一些心得分享給廣泛的社會大眾，而我的第一本書「戰鬥機設計與運作原理」，也在 2022 年12 月出版。

　　戰鬥機那本書在甫出版之後就獲得廣大迴響（這也要感謝各網路平台的推廣），一個月就二刷，約半年後就三刷，還一度登上網路書店的排行榜；此外，我還很榮幸地受邀至一些YouTube、Podcast 接受專訪，自己成立的 FB 粉專「航向三萬英呎」也愈來愈多朋友追蹤。

　　有了戰鬥機那本書的成功，讓我更有信心寫自己的第二本書，於是，在 2023 年 8 月，我就寫完這本專門介紹民用大型客機的書。其實我最初的想法，是寫一本介紹所有飛機的書籍，包含民航機、軍機。只不過，後來因為一些原因，決定改成先出一

本戰鬥機的書，再出一本民航機的書。因此，與其說這是我的「第二本書」，倒不如看成是上一個計畫的延續。

在內容上，戰鬥機那本書比較像我原本電子書「飛行器簡介」的概念，除了戰鬥機以及一些戰鬥機才會用到的軍用科技之外，還有介紹一點民航機、直升機、無人機和飛彈，內容比較「廣」；相形之下，這本民航機的書，就真的只專注在民用大型客機的設計上，但也因此，內容可以講得更詳細、更深入、更清楚，內容比較「深」。

這本書的公式很少、內容不難，適合廣泛大眾閱讀，只要有國、高中的數學和物理基礎，就能看懂全部內容。惟對於第一次接觸航空的初學者而言，需要比較多的耐心，慢慢地看，邊看邊想，同時輔以圖片說明來理解，切勿在囫圇吞棗、一知半解的情況下往下讀更後面的內容，那樣只會愈看愈不懂，最後明明很簡單的東西都會被搞成好像很複雜一樣。

能和各位讀者分享我對飛機的一點研究，是我的榮幸。最後，特別感謝編輯吳雨書、美編黃偵瑜的努力，以及賴維祥老師、洪先祥協理、郭兆書老師、楊政衛學長，和在中華航空公司A350機隊服務的、我的父親王敦義機長，在這個過程中的協助與指導，有諸位先進的不吝指正，才能成就這本書的出版。

王皞天

2024 年 2 月 1 日

✈ 飛機各部件介紹

副翼（aileron）　垂直尾翼（vertical stabilizer）

方向舵（rudder）

機身（fuselage）

發動機（engine）

升降舵（elevator）

襟翼（flap）

機翼（wing）　水平尾翼（horizontal stabilizer）

T-28A 教練機 / 作者攝

飛機（Aircraft）的主要構造

1. 機翼（Wing）：提供升力。

2. 發動機（Engine）：提供推力。

3. 機身（Fuselage）：承載各種機內系統與酬載。

4. 襟翼（Flap，內側者）：可於必要時增加機翼的升力係數。

5. 副翼（Aileron，外側者）：負責控制飛機的滾轉。

6. 水平尾翼（Horizonal Stabilizer）：負責縱向的穩定與控制。

7. 升降舵（Elevator）：負責配平與控制飛機的俯仰。

8. 垂直尾翼（Vertical Stabilizer）：負責方向的穩定與控制。

9. 方向舵（Rudder）：負責控制飛機的偏航。

其中，機翼、副翼、襟翼、水平尾翼、升降舵兩側皆有，在此僅標出其中一側。水平尾翼和垂直尾翼也合稱為尾翼組（Empennage）。

B787-9/ Photo: IG rulong.aviation

A350-900/ Photo: Facebook 台灣航空愛好者 Taiwan Aviation Lover

區別各機型的方法主要有觀察機首形狀、機身長度、翼尖設計、發動機外觀、起落架輪胎數量等。

CONTENTS

飛機設計與運作原理

CONTENTS

飛機的升力主要由機翼提供，因此了解機翼的氣動外型設計是非常重要的 / A330-300 作者攝

第 1 章

機翼的升力

1.1 升力的產生

在開始研究飛機之前，我們必須先想一個很基本的問題：飛機（Aircraft）為什麼叫做「飛機」？它和長著翅膀的車子有什麼區別？這個問題的答案很簡單，飛機之所以叫做飛機，就是因為它會「飛」。

那第二個問題來了，為什麼飛機會飛？因為飛機的機翼（Wing）會產生「升力（Lift）」，當升力大於飛機本身所受的重力（Weight）時，它就會飛起來；當飛機已經在天空中開始飛行之後，只要升力的大小保持和重力的大小相等，它就可以維持等高度飛行。

所以，最核心也最根本的問題來了，機翼是如何產生升力的？

圖 1.1.1　氣流的流動方向被向下偏折了

這個問題有很多種解釋，第一種解釋是氣流在流經機翼的過程中，機翼給氣流施了一股力，讓氣流除了向後流動外，還會稍微地向下流動（亦即，氣流在流經機翼後實際是往「後下方」的斜向流動），因此，根據牛頓第三運動定律——作用力與反作用

力定律，機翼會得到一股來自氣流的反作用力，這股力會相反地把機翼往上抬，也就是所謂的升力。

　　還有第二種解釋，是根據「動量守恆」。

　　對於一個物體，它的動量（P）就是它的質量乘上它的速度；另外，如果這個物體受到一個外力，那外力的大小與該外力作用的時間的乘積，我們把它叫做衝量，不過它的物理意義和動量是完全相同的（即衝量和動量是完全一樣的東西，只是在不同場合我們習慣用不同的方式來稱呼），衝量可以簡單的理解為「該外力在其作用時間內所賦予該物體的動量」。

　　動量不會無中生有，也不會憑空消失。

$$P = mv$$
$$F \times t = \Delta mv$$

　　對於氣流流過機翼的情形，空氣本身是有質量的，也就是說，流動中的空氣（氣流）是具有動量的。在氣流流經機翼之前，它是水平由前向後流動的，但在氣流流過機翼之後，它變成向後下方、斜下方流動，也就是說，氣流的速度向量（在垂直方向上）多了一個向下的分量──它的動量被改變了，流經機翼之後的氣流，在垂直方向上多出了一個向下的動量。

　　為什麼會這樣呢？這就要仔細看一下氣流流過機翼的過程。由於機翼是個有弧度的物體，它不是對稱的──其上表面的弧線較長、下表面的弧線較短，且它還時常以一個斜向上的角度迎接氣流（這稱為攻角，後面會詳述），因此，氣流的流線會在流經機翼上下表面的過程中被「向下偏折（Deflected Downward）」，也正是由於這個「偏折」的效應，使得氣流多了一個向下的動量。

圖1.1.2　被向下偏折的氣流有垂直向下的速度分量

　　根據動量守恆，在垂直方向上，氣流在獲得一個向下動量的同時，機翼會獲得一個相反的、向上的等大小的動量〔一個向上的動量和一個向下的動量，兩者大小相等、方向相反，使得整個系統（機翼和其周遭的空氣）內的動量保持守恆，符合「動量不會無中生有，也不會憑空消失」的原則〕，而這個動量，就是升力的來源。

　　前面提到過，力乘上作用時間就是衝量，也就是該外力給某個物體造成的動量增加／減少量；那反過來說，如果我們知道某個物體所受的動量增加／減少量（即衝量），我們再把它除上整個動量增加／減少過程所經歷的時間，就可以等效得到該物體在動量改變的這段過程中，所受到的外力。以機翼的例子來說，機翼所獲得的「向上的動量」，除上「氣流從翼前緣流到翼後緣所經過的時間」，就是「升力（F）」。

$$\frac{\Delta mv}{t} = F$$

　　第三種關於升力來源的解釋，就是「渦流」。

　　在流體力學（Fluid mechanics）和空氣動力學（Aerodynamics）的分析中，對於不可壓縮（Incompressible）、無黏滯性（Inviscid）

的理想流體（這樣理想化的假設在現階段只探討外流場時是可接受的），基本的流場型態分為五種：均勻流（Uniform flow）、源流（Source flow）、匯流（Sink flow）、偶流（Doublet flow）、渦流（Vortex flow）。而這五種基本的流場型態還可以互相疊加，「等效地」衍伸出各種不同的流場型態。

舉例而言，如果把源流或匯流和渦流疊加在一起，就可以製造出漩渦的流場，只不過中心點一個是向外擴散、一個是向內吸收；如果把均勻流和偶流疊加在一起，就可以製造出流體流過一

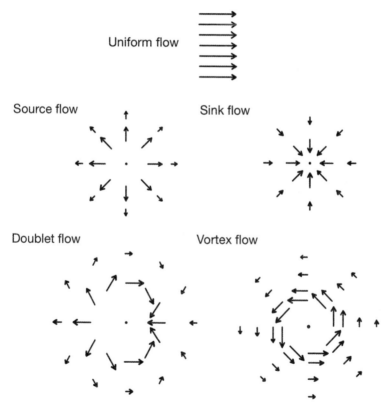

圖1.1.3　**基本的流場**

個圓球的流場；如果把均勻流、偶流和渦流疊加在一起，就可以製造出產生升力的圓球的流場。

那氣流流經機翼的流場是怎麼回事？對於薄機翼（即大部分機翼翼剖面的形狀）來說，氣流流經機翼、有點被向下偏折的情形，就好比沿著機翼的中弧線（平均表示翼剖面上下弧度的那條「機翼平均弧度線」）疊加了非常多的渦流；當飛機向前快速飛行時，機翼迎來的氣流（均勻流）碰上翼剖面的彎曲弧度所「等效造成」的渦流，就導致了一個會產生升力的流場，也就是實際氣流流過機翼時的流場情況。

由此可知，渦流就是升力的來源。機翼之所以能產生升力，就是因為它有曲度的外型設計，使得氣流在流經其上下表面時，會導致渦流的一個成分產生，進而使得流場對機翼來說，是「有升力」的。

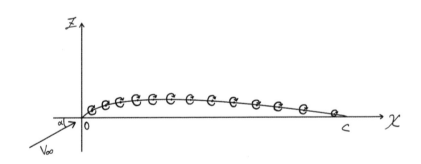

圖1.1.4　升力的效果，或更明確的說氣流流線被向斜下方偏折的情形，可視為在機翼的中弧線上疊加許多渦流。渦流在中弧線上方的「上半圓」區域，會將迎來的均勻流加速（因為方向相同），「下半圓」區域則會將迎來的均勻流減速（因為方向相反）。

實際在進行計算時，我們會把機翼在其中弧線上所有的渦流所製造的渦量（Vorticity）進行加總（數學上是以封閉積分來進行），得出的「渦量的總和」我們就稱為環量（Circulation），這個環量再乘上氣流流速與空氣密度，就能得到升力（這裡是指二維升力，即每單位翼展長度所製造的升力，因為我們目前討論的都還是二維流場）：

$$L' = \rho \times V \times \Gamma$$

二維升力 ＝ 空氣密度 × 速度 × 環量

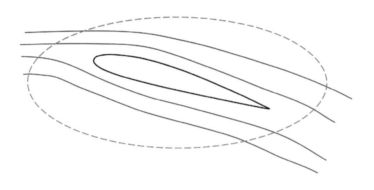

圖1.1.5　**透過封閉積分的方式能將機翼的渦量加總成環量**

　　以上三種關於升力來源的解釋，可以說它們都對，不過更標準地說應該是──它們其實都是在講同一件事。從作用力與反作用力的觀點來說，機翼能獲得升力是因為「氣流給機翼施了一個反作用力」，這對應到第二種解釋中氣流因為被偏折而致其動量被改變、進而讓機翼獲得一個向上的動量，而單位時間（氣流流過機翼的時間）內機翼動量的變化，不就是升力？這不就剛好是

所謂「氣流給機翼的反作用力」嗎？至於第三種解釋，大家可以注意到，那些「流線」代表的是流體在每個點的「速度方向」，空氣本身又有質量，那空氣如果照著流線那樣流動的話，不就很清楚地把氣流的動量給畫出來了嗎？所以說，這三種對於升力來源的解釋其實說到底都是互通的，是在講同一個物理現象，只不過深度和層次有所不同而已，比如第一種解釋相對含糊，只講到「力」；第二種解釋則把「質量」「速度」和「時間」三個元素分開來探討，讓我們能更仔細地分析；第三種解釋則是直接運用基本流的疊加概念，讓我們對機翼實際流場的情形有更深入的洞察。

這裡補充一下，氣流之所以會順著機翼上下表面的輪廓流動，而導致其流線在流經機翼的過程中被偏折，是因為空氣這種流體有黏滯性，當氣流流過某個物體（如機翼）時，會在該物體的表面形成邊界層氣流，這個邊界層氣流就會攀附於物體的表面流動，進而使邊界層外部的外流場區域的流線，也有順著物體表面輪廓流動的趨勢。關於流體的黏滯性和邊界層會在第二章第六節討論，在那之前的內容大多只關注外流場的情況，所以基本上會延用前面的無黏滯性流體的假設，特此說明。

1.2 機翼的翼剖面設計與翼面積

圖 1.2.1　騰雲無人機的機翼翼剖面 / 作者攝

　　藉由前面關於升力來源的說明可知，機翼要產生升力，就是要把流經其上下表面的氣流「向下偏折」，也就是讓氣流產生「下洗（Downwash）」，或是要製造渦流，賦予平直迎來的氣流一股「環量」。因此，機翼的形狀都會設計成流線型，並且有一定的彎曲程度，以及一定的厚度。

　　那翼剖面（Airfoil）的形狀是如何設計的？所謂的彎曲程度要如何定義？關於這點，定義翼剖面構型的方法很多，這裡就介紹一個最基本的定義方式，稱為 NACA 四位數系列翼剖面。

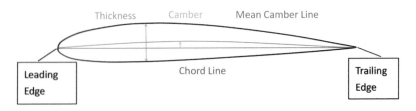

圖1.2.2　**翼剖面的構造（NACA2412）**

　　首先，翼剖面的最前端叫做翼前緣（Leading Edge）、最後端叫作翼後緣（Trailing Edge），連接翼前緣和翼後緣的直線叫作翼弦線（Chord Line），其長度稱為翼弦長（Chord Length）。在翼弦線的上方是機翼的上表面、下方是下表面，而由於機翼必須產生向上的升力，所以翼剖面的上下表面不會是對稱的（極少數會用對稱翼剖面的非常特殊的飛機例外），上表面都會比下表面來的更彎曲、長度更長，在此我們定義一條最重要的線——中弧線（Mean Camber Line），中弧線的定義是機翼上表面和下表面在垂直方向上位置的平均所畫出來的線。對於一般的機翼來說，這條中弧線會是一條在翼弦線上方凸出來一點點的曲線。

　　最後，弧量（Camber）就是中弧線和翼弦線的最大距離，厚度（Thickness）就是翼剖面上表面和下表面最大的距離。

　　NACA四位數系列翼剖面，就是用四個數字來定義上述的所有幾何外型，以NACA2412翼剖面為例，假設翼弦長為c單位長度，那第一數字個2和第二個數字4代表「翼剖面最大弧量0.02c」，且其位於「翼前緣延翼弦線往後0.4c處」，最後兩個數字12代表「最大厚度為0.12c」。由此可知，前兩位數字調控的是翼剖面的彎曲程度和具體的彎曲形狀，也就是所謂的弧量、中弧線，後兩位數字定義的是在固定的彎曲程度下，翼剖面的厚度。

翼剖面的彎曲程度愈大、厚度愈厚，面對迎來氣流時就可以製造更強的渦流、產生更大的環量。然而，翼剖面也不是愈彎曲、愈厚愈好，因為讓翼剖面更彎曲或更厚的結果，就是增加阻力。所以翼剖面要設計成什麼形狀，要看飛機的設計需求，不同的飛機，機翼翼剖面的設計也都不太一樣。

圖1.2.3　S-2A的翼剖面 /作者攝

圖1.2.4　B720翼尖的翼剖面 /作者攝

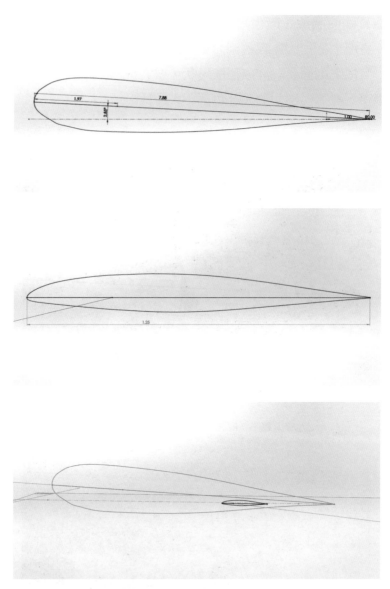

圖1.2.5　B737的翼根和翼尖的翼剖面構型 / SOLIDWORKS工程繪圖：作者

對於固定的翼剖面構型來說，要偏折更多氣流、製造更大環量，還有一個方法，就是加大翼面積。更大的翼面積，比如同樣翼展長度下更長的翼弦長，或者同樣翼弦長的情況下更長的翼展，就能帶動更多氣流、製造更多升力。

　　在相同的飛行速度、空氣密度下，除了靠翼剖面的構型、翼面積之外，還有兩個方法可以「等效地改變機翼在流場中的形狀」，那就是增加攻角及使用高升力裝置。

1.3　攻角

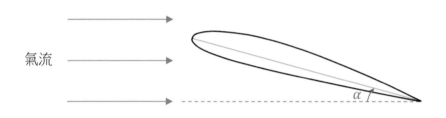

氣流

α

圖1.3.1　**攻角為相對氣流與翼弦線的夾角**

　　攻角（Angle of Attack，常簡寫成 AoA 或希臘字母 Alpha）的定義是「機翼翼弦線」與「相對氣流方向」的夾角。現在的飛機機翼不一定是水平安裝於機身，可能翼根是以一定的正攻角安裝在機身上，所以機翼的攻角未必等於整架飛機的攻角。另外，相對氣流方向並不一定是水平方向，氣流可能從前下方或前上方吹向機翼，也有可能空氣是完全靜止的，飛行中的飛機衝向氣流，然而飛機可能在爬升、轉彎或下降，不一定是平飛，所以相對氣流方向不能過度簡化地把它看成是水平方向，必須仔細觀察飛機和氣流的「相對運動」才能看出真正的攻角。

圖1.3.2　**以較高攻角飛行時的飛機** / B787-8 Photo: Facebook 小腹先生的航空與貓日常

　　當翼剖面以更高的攻角迎接氣流時，它能將氣流的速度方向更大程度地向下偏折，製造更大的環量，進而能在同樣的空氣密度與空速（機翼與氣流的「相對速度」）下產生更多升力（不過也會造成更多阻力）。

　　截至目前為止，我們討論到的翼剖面設計、翼面積和攻角，它們的功能都是在流場中製造渦流、產生環量，或者說偏折氣流。不過，既然升力的產生是「在單位時間之內改變氣流的動量」，那麼，除了在氣流流動的「方向上」盡可能偏折它，還有一個很重要的方法，就是在「更短的時間」內，改變「質量更多的氣流」的動量。也就是說，用更高的速度飛行，或是飛在空氣密度更大的低空，其中，用更高的速度來飛行帶來的效果非常大，它能成平方倍的影響升力大小。

到這裡，我們就可以總結一下會影響升力的因素。某種特定構型的翼剖面在各種不同攻角下所帶來的效果我們用「二維升力係數（Two Dimensional Lift Coefficient）」（目前都還停留在二維流場的討論，故這裡的升力係數是二維升力係數）這個做大量流場實驗所獲得的參數來表示，空氣密度和速度的影響我們則定義一個物理量叫作動壓（Dynamic Pressure）來表示，再考量翼面積後，我們就可以得到二維升力（每單位翼展長度所製造的升力）：

$$L' = C_l \times q \times S$$

$$S = c(1) = c$$

$$q = \frac{1}{2} \times \rho \times V^2$$

二維升力＝二維升力係數 × 動壓 × 翼面積

翼面積＝翼弦長 × 1 單位翼展長度

其中，動壓＝$\frac{1}{2}$ × 密度 × 速度^2，升力係數和攻角有關

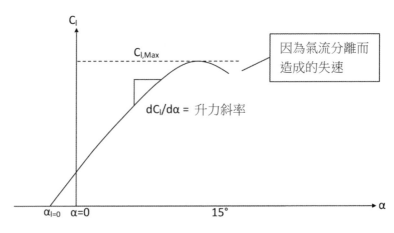

圖1.3.3　**升力係數與攻角的關係**

對於一架飛機（翼剖面形狀和翼面積固定），它的攻角愈高，二維升力係數就愈大，兩者幾乎呈線性的關係。二維升力係數愈大，就能在固定的動壓下產生更多升力，或是在較小的動壓下（如較低的飛行速度）維持升力。

　　原則上，攻角愈大升力就會愈大。然而，攻角也不能毫無限制地增大，因為升力是基於氣流沿著翼剖面上下表面流動、其流線被彎折這個現象所產生，當攻角大到一個臨界值時（升力係數也到達一個極大值），機翼上表面的氣流會漸漸開始不再能攀附著機翼、自機翼上表面分離，在這樣的情況下升力會驟減，如果攻角此時再增大一點點，升力就會很快地完全消失。這樣的臨界值就稱為臨界攻角（Critical Angle of Attack）。而升力在超過臨界攻角之後快速消失的現象就稱為失速（Stall）。

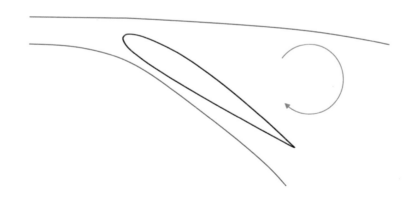

圖1.3.4　**攻角過大造成失速**

因此，綜上所述，機翼的二維升力和攻角的關係圖應該是：在攻角為零度時，機翼靠著本身翼剖面的弧度、厚度，仍有一個正的二維升力係數，隨著攻角慢慢增加，升力係數大約呈線性逐漸上升，當攻角值達臨界攻角時，升力係數有最大值，接下來，隨著攻角繼續增加，機翼會開始失速，升力係數會驟減，並很快的完全消失。

1.4 高升力裝置

圖 1.4.1　起飛中的飛機，同時具備高攻角和使用高升力裝置 /A350-900 作者攝

　　飛機在某些特殊的情況下需要更高的升力係數、更多的升力，比如起飛、降落這些飛行速度較低的時候，或者進行爬升、轉彎這些機動時。在這些情況下，提高攻角當然是個選擇，不過

除了提高攻角外，飛機機翼的翼前緣可以向前下方伸展出縫翼（Slat），翼後緣可以向後下方伸展出襟翼（Flap），縫翼和襟翼合稱為高升力裝置，它們的使用，相當於是改變了翼剖面的形狀，讓整個翼剖面看起來更「彎曲」（也就是弧度更大），從而大幅提高升力係數。通常襟翼最多可以下放到30度左右，縫翼則稍小於這個角度，具體情況要視機型而定，以空中巴士的飛機為例，它有0、1、2、3、FULL四種控制縫翼和襟翼的檔位，波音的飛機也一樣是有幾個控制縫翼和襟翼的檔位可供選擇。

當然，這樣的措施也會增加阻力，不過，通常使用高升力裝置（High Lift Devices）的時機，都是非常需要升力的場景，比如飛行速度較慢時，在這樣的情況下，阻力的增加相對較能接受，好處遠大於壞處。

至此，我們已知道有三個要素可以調整機翼的升力係數：翼剖面的構型、高升力裝置的使用與否與攻角的調控。升力係數乘上動壓與翼面積，就可以得到二維升力的大小。

1.5 機翼上下表面的壓力分布

　　流經機翼的氣流，可以視作是在均勻的平直氣流中疊加了數個渦流，因此，根據疊加的結果，機翼上表面的氣流流速會較快，機翼下表面的氣流流速會較慢——和我們實際觀察到的物理現象相符，代表這套建模方法說得通。

　　著名的柏努力公式（Bernoulli's Equation）說明：在流線上某一點的動壓（Dynamic Pressure）與靜壓（Static Pressure）之和，等於在同一條流線上，另外一點的動壓與靜壓之和，即流線上任兩點的全壓（Total Pressure）相等：

$$P_1 + \frac{1}{2} \times \rho \times V_1{}^2 = P_2 + \frac{1}{2} \times \rho \times V_2{}^2$$

　　但這是個在穩態、無重力、無黏滯性、不可壓縮流中才適用的公式，更重要的是，公式中的1號點和2號點還必須是要在同一條流線上。

　　套用到機翼上下表面的流場，情況當然不會這麼理想，所以公式的等號不會成立。不過，我們依然可以看出一個很重要的關係，即在同一條流線上，動壓高的地方靜壓低，動壓低的地方靜壓高。

圖1.5.1　**機翼在高攻角時的壓力分布**

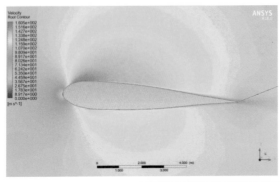

圖1.5.2　B737翼根翼剖面在2度攻角面對速度110m/s、密度1.012kg/ 氣流時的速度場和壓力場 /Ansys fluent流場模擬：作者

　　由於機翼上表面的氣流流速較快、動壓較高，該處的靜壓就會較低，也就是說，機翼上表面是一個低壓區；相反地，機翼下表面的氣流流速較慢、動壓較低，因此該處的靜壓就會較高，亦即，機翼下表面是個高壓區。這一高一低的不同壓力，分別作用在機翼的上下表面，就會形成升力，這也可以算是一種解釋升力形成原因的方式。但同樣地，壓力差是源自於機翼上下表面氣流的流速差異，流速和渦流、環量有關，講來講去還是同一件事。

　　需要特別補充的是，如果從這個觀點來看升力的形成，那氣流流過機翼時，除了產生的壓力差，還會有和機翼表面摩擦所產

生的剪力累加之後所貢獻的小部分升力，總升力是由這兩者合併貢獻的。

　　機翼在流場中感受到的力，是壓力造成的「分布力」，它是呈連續分布的，而不是我們平時比較熟悉的作用在某個點上的「集中力」，這些壓力分布也不是均勻平滑地分布在機翼的上下表面——通常情況下壓力差會靠前分布，尤其在高攻角的情況下更明顯，也就是說，絕大多數的升力都是在機翼靠前的位置產生的。

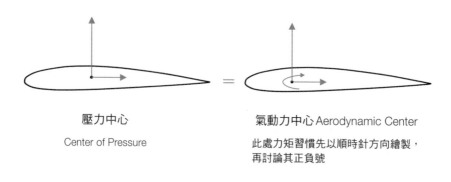

壓力中心
Center of Pressure

氣動力中心 Aerodynamic Center
此處力矩習慣先以順時針方向繪製，
再討論其正負號

圖1.5.3　壓力中心和氣動力中心的比較

　　我們可以找出這堆分布力的合力及其作用的當量點，而這個點，就稱為「壓力中心（Center of Pressure, c.p.）」，壓力中心的定義，就是一個物體在流場中所受的合力的作用點。

　　嚴格來說，這裡說的機翼在流場中所受到的力（空氣動力），包含升力與阻力。

　　然而麻煩的是，壓力中心是個不固定的點，每當機翼的攻角改變，它的位置就會一直移動，在分析上很不方便。於是，我們

發現了另外一個靠近翼前緣後方1/4弦長處的點，在那個點，空氣動力（也就是那堆分布力）對它所造成的力矩是不隨攻角改變的，我們把它定義為「氣動力中心（Aerodynamic Center, a.c.）」。

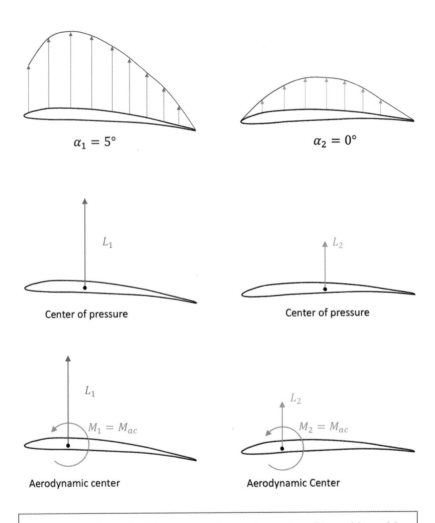

$$\alpha_1 \neq \alpha_2 \rightarrow L_1 \neq L_2, \text{but at aerodynamic center: } M_1 = M_2 = M_{ac}$$

圖1.5.4　升力給氣動力中心製造的力矩不隨攻角改變

當我們在分析機翼受到升力的情形時，都會選擇氣動力中心當參考點，不過在我們把升力的合力從壓力中心移往氣動力中心的過程中，為了維持力學上的相等，需要相對地在氣動力中心加上一個力矩，稱為氣動力力矩 Aerodynamic Moment, $M_{a.c.}$，好在它是一個常數，在固定的馬赫數（馬赫數等於當下飛行速度除上該空域的音速，幾馬赫就是幾倍音速的意思，是個更專業表達飛行速度的方式）下，不隨攻角而變化。

1.6 機翼的立體設計

　　前面的內容主要都是從在看機翼的剖面、有攻角的機翼的剖面和使用高升力裝置的機翼的剖面，這種只看剖面、氣流只會在x,z平面上流動的分析視角，我們稱為用「二維流場」的視角來看機翼的設計；從現在開始，我們要一次看整個機翼，接下來，我們會考慮氣流在x,y,z立體空間中上流動的情形，這就叫做從三維的角度來研究機翼的立體設計。

圖1.6.1　**大型客機多採用高展弦比機翼 /B787-8 作者攝**

　　機翼從翼根到翼尖的距離稱為翼展（Span），機翼沿翼展方向的外型設計，決定了其升力沿翼展方向（Spanwise Direction）的分布情形。

在機翼的立體設計上，最重要的指標是展弦比（Aspect Ratio）。展弦比的定義是翼展的平方除上翼面積，它是一個描述機翼細長或粗短的指標，展弦比愈高代表機翼愈細長、愈低則代表機翼愈粗短，現在的大型客機主翼都採取高展弦比的設計。

$$AR = \frac{b^2}{S}$$

$$展弦比 = \frac{翼展^2}{翼面積}$$

其它也很重要的指標包括翼面形狀、漸縮比（Taper Ratio）、安裝攻角、氣動扭曲（Aerodynamic Twist）等。

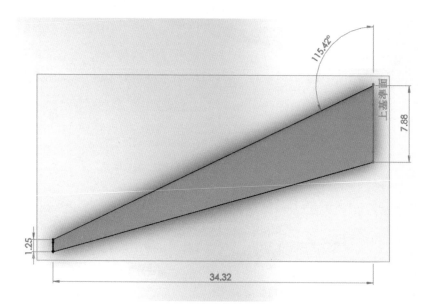

圖1.6.2　**機翼表面形狀圖 /SOLIDWORKS 工程繪圖：作者**

翼面形狀是指機翼從上而下（或從下而上）看到的形狀，常見的翼面形狀有長方形翼（Rectangular Wing）、三角翼（Delta Wing）、橢圓形翼（Elliptical Wing）、梯形翼（Tapered Wing）等，現在的大型飛機大多採用梯形翼。

　　針對梯形翼來說，又有一個指標可以定義它的幾何外型，即「漸縮比」。漸縮比＝翼尖弦長／翼根弦長，我們一般看到的大型客機設計，翼尖弦長都明顯較翼根弦長短，所以漸縮比就小於1。

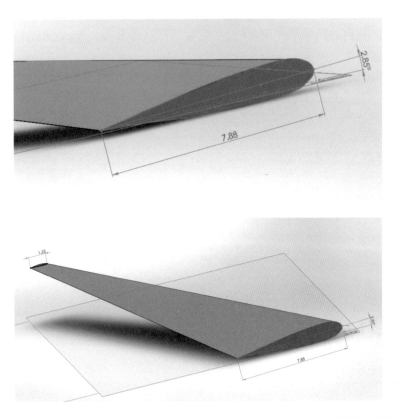

圖1.6.3　機翼翼根處有2.85度的攻角，翼尖處卻是0攻角，整個機翼有氣動扭曲的設計 ／SOLIDWORKS工程繪圖：作者

圖1.6.4　**翼根和翼尖是使用不同翼剖面的，且機翼還會有氣動扭曲。**
注意圖中翼前緣的角度變化：靠近翼根的翼剖面安裝攻角較大，靠近
翼尖的翼剖面安裝攻角則接近零度。 /A330-300 作者攝

　　事實上，機翼的翼根（Wing Root）和翼尖（Wing Tip，或
Winglet）是不會選用同一款翼剖面的，為了實現更理想的升力
沿翼展方向的分布，從翼根到翼尖，一架飛機的主翼沿翼展方向
在不同的地方都用了不一樣的翼剖面，並且從翼根的翼剖面構型
一個一個逐漸過渡到翼尖的翼剖面構型。更進一步，通常機翼的
翼根有一個正的安裝攻角，而翼剖面的攻角，在翼根處就等於機
翼的安裝角，愈往外側（愈往翼尖），除了翼剖面構型會漸漸變
化，連攻角也會，比如主翼翼根的攻角是＋2°，到了翼尖可能變
0°，這就是所謂的氣動扭曲（Aerodynamic Twist）。很多飛機都
是翼前緣保持一條等高直線，翼後緣在翼根處較低、翼尖處較
高，用這樣的方式來做出氣動扭曲的效果。

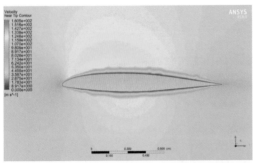

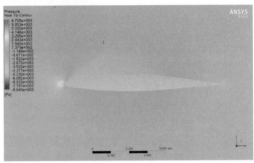

圖1.6.5　B737翼尖翼剖面在零攻角下面對速度110m/s、密度1.012kg/ 氣流時的速度場（左上）和壓力場（右下），和翼根的情形比較（圖1.5.2），其所造成的速度、壓力變化明顯較小，由此也可看出它產生的升力和阻力也較翼根小。 /Ansys fluent流場模擬：作者

　　為什麼立體設計要有以上那些考量呢？那是因為要優化升力在整塊機翼表面上的三維分布情形，或者更具體來說，是要優化機翼沿翼展方向由翼根到翼尖的升力分布情形。

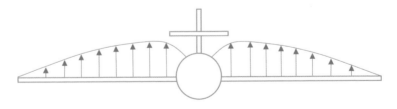

圖1.6.6　機翼的升力沿翼展方向的分布

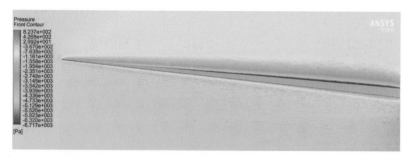

圖1.6.7　**機翼的壓力場，可看出機翼內側產生的升力較多、外側較少** /Ansys fluent流場模擬：作者

　　真正立體的三維機翼和只看翼剖面那種二維機翼最大的區別，就在於它必須考慮到翼尖會產生渦流的情形。

　　我們知道，機翼之所以能產生升力是因為它的上表面和下表面存在壓力差，然而，在機翼的翼尖卻會有個因這樣的壓力差而導致的不良現象——相對高壓的下翼面氣流，和相對低壓的上翼面氣流，會在翼尖混合。由於壓力差的關係，下翼面的相對高壓氣流會在翼尖往上捲，和相對低壓的上翼面氣流混和形成一股旋渦，這就稱為翼尖渦流（Wing Tip Vortex）。

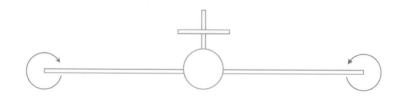

圖1.6.8　**翼尖渦流**

　　這會造成什麼結果？翼尖產生渦流之後，那個渦流會把機翼後方的氣流「往下帶」，造成氣流的「額外下洗」，然而，這部

分的氣流下洗是對升力沒有貢獻的;換句話說,在相同攻角的情況下,更清楚的說是在造成同樣氣流偏折量的情況下(回憶:升力的產生是因為氣流的流線被偏折),有一部分翼尖渦流造成的氣流偏折量是不會產生升力的,總氣流偏折量要扣掉那一部分,所得到剩下的氣流偏折量,才是真正會製造升力的成分。

圖1.6.9　**橘色箭頭為翼尖渦流所導致的額外下洗量**
　　　　藍色粗箭頭為產生三維升力時氣流下洗
　　　　細箭頭為二維升力時的理想情況下洗

　　這是一個很重要的差異,在二維流場的翼剖面視角中,機翼的翼展相當於是無限長的,不存在所謂翼尖渦流混合的概念。所以說,在二維翼剖面的流場中,翼剖面把氣流偏折了多少,那所有的偏折量都是會產生升力的;相形之下,在三維流場的「有限翼展長度機翼」視角之中,機翼製造的氣流下洗量,卻要扣掉翼尖渦流製造的「無效(無製造升力)下洗量」,得出的才是對應到二維翼剖面的實質有貢獻升力的成分。

　　也就是說,在同樣的攻角之下,三維機翼所製造的升力比二維機翼(無翼尖渦流效應的機翼)製造的升力還要小,用更專業的話說,就是三維機翼的升力係數會比二維機翼的升力係數還低,三維升力並沒有二維升力再直接乘上翼展長度那麼理想。

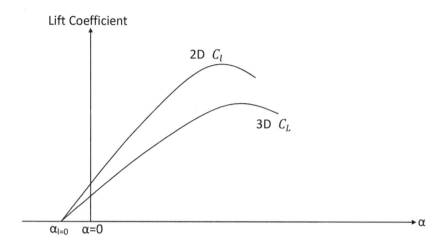

圖1.6.10　**二維升力係數和三維升力係數隨著攻角變化的比較**

　　那如何減緩翼尖渦流的強度，讓三維機翼的升力係數盡可能接近二維機翼呢？答案是增加展弦比，更改翼面形狀（調整漸縮比），並利用翼剖面過渡、氣動扭曲等設計，想辦法讓升力在靠近翼根處的內側產生較多，愈往外側翼尖處產生的升力就愈小，最好升力都是在靠近翼根的內側產生，到翼尖時上下翼面已無壓力差（也就是翼尖處不產生升力了），這樣就不會有翼尖渦流了。

　　然而，這也不是最好的情況，如果達成「翼尖處完全沒有壓力差」的代價是「機翼到了翼尖處就幾乎不產生升力」，那麼在翼尖附近的那部分機翼不就成了沒發揮任何功能（而且還會造成阻力）的累贅？所以勢必得找出一種最佳化的方法，讓整個機翼從三維流場的角度看具有最佳的升阻比（Lift to Drag Ratio）。

所以要如何優化三維升力沿翼展方向的分布呢？除了前面提到的最重要、最有效的方法——增加展弦比（但過大的展弦比會導致機翼的結構強度不足，且對要進行超音速飛行的飛機而言，如戰鬥機，高展弦比機翼會帶來太大的超音速震波阻力），也可以調整翼面形狀：橢圓形翼是最佳化的設計（這是因為，若把升力分布從翼根沿翼展方向積分到翼尖，則橢圓形翼面的設計，可以讓這個積分達到最大值——既讓內側機翼可以產生較多升力，又不會讓外側機翼所產生的升力過度變少），然而，機翼的翼面形狀牽涉到很多考量因素，不可能每次都設計成橢圓形的，因此，只好藉由調控最佳的漸縮比來接近橢圓形翼的效果。

　　此外，使用翼剖面過渡和氣動扭曲也是很有效的辦法。

圖1.6.11　翼尖將機翼上下表面隔開，能夠緩解翼尖渦流的強度 /A350-900
作者攝

至於降低翼尖渦流的強度，還有一個很常見的方法就是加裝翼尖小翼。翼尖小翼是一個裝在機翼的翼尖，幾乎垂直於翼面的一個往上延伸的隔板構造，它這塊隔板的功能是把上下翼面的氣流隔開，讓上下翼面的氣流更不容易在機翼末端混合，能夠顯著降低翼尖渦流的強度。

　　至此，我們可以整理一下，二維升力係數再考慮翼尖渦流的效應之後，重新「修正」所得出的三維升力係數（Three Dimensional Lift Coefficient），再乘上動壓與翼面積，就是三維升力：

$$L = C_L \times q \times S$$

$$q = \frac{1}{2} \times \rho \times V^2$$

三維升力＝三維升力係數 × 動壓 × 翼面積

其中，動壓＝$\frac{1}{2}$ × 密度 × 速度^2，升力係數和攻角有關

　　升力係數的下標大寫 L 代表三維升力係數，小寫 l 代表二維升力係數。

圖 1.6.12　高速巡航時，由於飛行速度快，有足夠的動壓，因此不需要太大的升力係數，故將襟翼收起；反之，降落前由於飛行速度較慢，需要較大的升力係數才能維持升力，故將襟翼放下。 /B737-800 作者攝

1.7 後掠角與超臨界翼剖面

　　前面的所有內容，已經完整介紹基本的機翼設計所涵蓋的所有知識，無黏滯性不可壓縮流的假設，適用於0.3馬赫以下的低速飛行。只不過，現在的大型客機，為了要能夠以很高的速度巡航（0.8馬赫以上），就必須採取一些更進階的設計，來滿足這樣的要求，同時，我們也必須將空氣的可壓縮性（Compressibility）考慮進來——空氣的可壓縮性導致了聲波、超音速震波（Shock Wave）的產生。

　　飛行速度除上該空域的音速稱為馬赫數（Mach number, M），由於聲音的傳播速度和氣溫有關，因此，在不同飛行高度，音速都是不同的。在音速以下的飛行我們把它叫做次音速飛行，超越音速的飛行我們把它叫做超音速飛行，現在的大型客機都是以次音速飛行，但為了縮短長距離飛行（如跨太平洋、跨歐亞大陸的長程飛行）所需的時間，飛機的最高速度都是接近音速的高次音速飛行。

$$M = \frac{V}{c}$$

$$馬赫數 = \frac{飛行速度}{該空域的音速}$$

這就會導致一個問題，由於機翼上表面的氣流流速較快，而且如果仔細一點看，上表面有某些局部區域的氣流又比其他地方的流速更快，那麼，當飛機以接近音速的速度巡航時，機翼上表面的某些局部流速較快的區域的氣流，就可能已經進入超音速狀態，而超音速的氣流會導致震波的產生，震波會帶來極大的震波阻力（Wave Drag，尤其是穿越音速時的震波）並使機翼產生強烈震動。為了避免上述現象的發生，飛機就只能被迫以更低一點的速度來飛行，好讓機翼上表面氣流流速最快的那個區域也不會超越音速。而這樣「不會讓機翼任何局部區域產生震波」條件下的最大飛行速度，就稱為「臨界馬赫數（Critical Mach Number）」。

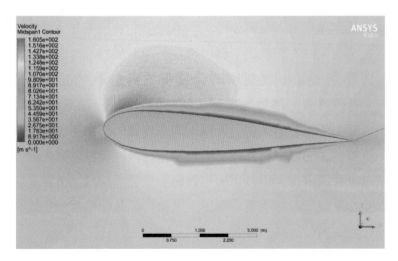

圖1.7.1　機翼在面對氣流時，其上表面局部區域的氣流流速會較整體飛行速度快（此翼剖面所面對的是110m/s的迎來氣流）。從這張圖也可以看出機翼的防冰是非常重要的（翼前緣通常會有加熱裝置來防冰，或飛機在起飛前會噴灑防凍液），若翼前緣結冰，則整個翼剖面的外型與其所製造的流場都會被破壞掉，使得升力遽減、阻力遽增，整個機翼的氣動力效應幾乎消失殆盡。／Ansys fluent流場模擬：作者

很明顯地，就因為機翼上表面局部流速較快的區域可能會提前進入超音速，而降低整架飛機的飛行速度，進而拖累了整架飛機的最大速度，這是非常不好的。那有沒有什麼方法能夠儘量減緩這個的現象，使得機翼上表面流速最快的區域不要那麼快，能讓該區域的氣流流速和機翼上表面的其他地方更接近一些，從而使飛機能以更高的馬赫數飛行而不會產生震波、提高飛機的臨界馬赫數？有，一共有兩個方法：採用後掠翼（Swept Wing）的設計和使用超臨界翼剖面（Supercritical Airfoil）來當翼剖面的構型。

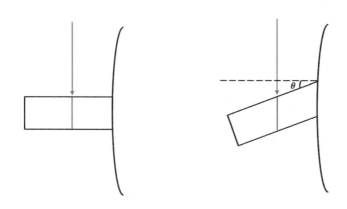

圖1.7.2　**後掠角的效果**

　　想像一個平直的長方形翼，如果我們把它折彎，比如向後折一個角度（也就是讓該機翼有一個後掠角），那麼，原本迎來的氣流「看」到的是原本的翼剖面形狀，當機翼被向後折彎以後，仍然筆直迎來的氣流「看」到的就不一樣了，會是一個「更長的等效翼弦長」，這也意味著氣流看到的已經不是原來的翼剖面，而是一個更細長的翼剖面。

若氣流看到的是一個更加細長的翼剖面（隱含的意思就是，如果把它們的弦長都設成一樣，那麼氣流後來看到的翼剖面就會有比較小的弧量和厚度），則氣流在該翼剖面的上表面就不會加速到像之前那麼快，也就是說，機翼上表面氣流流速較快的局部區域，其流速就不會像之前一樣比其它區域快那麼多了。

圖1.7.3　**有後掠翼設計的主翼 /A330-300（上）與B747-400F（下）作者攝**

　　除了後掠翼之外，另一個能夠降低機翼上表面局部流速較快區域的氣流流速的方法，就是採用超臨界翼剖面。超臨界翼剖面

並不是指像NACA2412這樣某款特定構型的翼剖面，而是指一個種類。超臨界翼剖面具體構型有很多種，但它們有一些共同特徵——翼剖面的上表面較平坦，下表面在後段的地方開始向上收起，整個翼剖面在翼弦方向上厚度的變化較平均。當氣流流經這樣的翼剖面時，它上表面的流速變化就比較和緩。

圖1.7.4　**超臨界翼剖面的大致外型**

由於這樣設計的翼剖面能夠讓飛機以更高的速度進行次音速飛行而不會在機翼產生震波，或者從另一個角度想，當機翼快要開始產生震波時，飛機已經以更接近音速的速度飛行了，提高了飛機飛行的臨界馬赫數，因此它就被稱作是「超臨界機翼」。

1.8 升力、阻力和推力的關係

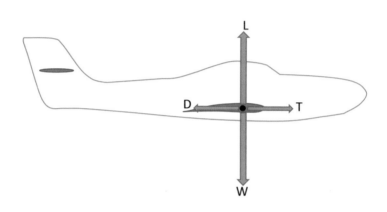

圖1.8.1　水平等速飛行時的受力分析

　　到這裡，我們已經完成對升力的全部探討。

　　不過，前面的敘述都只著重於機翼與氣流相對運動的探討。只要有氣流流過機翼，機翼就能產生升力，有這麼簡單嗎？當然不是。

　　氣流在吹向機翼時，除了會給機翼帶來升力，還會把機翼往後吹——造成阻力。飛機飛行時，藉由航空發動機提供推力，以抵抗阻力為代價，讓飛機的機翼隨時保有一股相對風，進而產生升力。因此，飛機的升力並非平白無故獲得，乃是由發動機「間接提供」。

　　下面的內容，就讓我們依序來探討飛機所受的阻力，與航空發動機所提供的推力。

機身、機翼和尾翼等構造都會造成阻力，其中以機身和機翼比例占絕大部分。 /B787-9 作者攝

第 2 章

機身、機翼和尾翼的阻力

2.1　阻力的綜覽

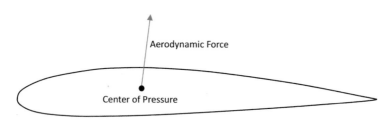

圖 2.1.1　任何氣流流場中的物體都會受到空氣動力，其中垂直分量的升力和水平分量的阻力是人為去區分出來的。

　　其實，廣義來說，一個物體在一個流場中所受的分布力，在本質上是一體的。一架飛機在氣流中所受的分布力，如果我們找出那堆分布力的合力並畫出其作用點（即壓力中心，Center of Pressure），那麼，在該點上我們只會看到一個力——空氣動力（Aerodynamic Force）。只不過，我們人為的定義，這個空氣動力的垂直分量就叫做升力，它的水平分量就叫做阻力（Drag）。也就是說，升力和阻力其實「系出同源」。

　　前面在討論升力時，研究的對象主要集中在機翼，這是因為，飛機的升力幾乎都由機翼提供，尤其大型客機這種設計更是如此。雖然機身（Fuselage）在具有一定攻角的情況下也會產生升力，水平尾翼產生的向下的力也會對飛機總升力造成影響，但從占比來看，機翼的設計還是影響升力大小的絕對性主要因素。

然而，在探討阻力時就不同了，機翼、機身與尾翼（Tail）都會造成阻力。機翼在產生升力時也會附帶造成阻力，機身造成的空氣動力以阻力為主，尾翼的作用原理和機翼類似，只不過它產生的力小很多，因為它只是拿來配平（穩住飛機）的，所以它產生的阻力又更小，其中水平尾翼因為要一直向下施力保持配平，所以產生的阻力較理想情況下無需作動的垂直尾翼大。

2.2　壓力阻力

分離點

高壓區　　　　　　　　　　　　　　　低壓區

圖2.2.1　流場中的物體前後有高壓區和低壓區

　　一個物體在流場中和流體有相對運動時，該物體前方區域的流體會被擠壓而形成高壓區，而流體的流線由於不可能隨該物體的輪廓持續地跟隨攀附，所以在該物體中後方的某個位置（稱為分離點，Separation Point），流體的流線會自物體表面分離，這會導致那個物體後方的流場區域形成低壓區。物體前後表面的壓力差，再乘上物體的截面積，就會得到它所承受的壓力阻力（Pressure Drag）。

　　以飛機的機身來說，當空氣靜止，飛機高速飛行（即飛機高速衝向靜止的空氣）時，機首會擠壓前方的空氣，使機首前方形成高壓區；而氣流在流過機首以後，會順著機身的輪廓往機身後方流動，當氣流流到機身後方的某個位置，也就是分離點時，由於它不再能攀附著機身表面，會自機身表面分離，而氣流分離之後，它不會像之前那樣保持平順的層流（Laminar Flow），而會開始在機身後方形成紊亂的紊流（Turbulence Flow），導致機身

後方形成一個低壓區。

　　機首前的高壓區，和機身後方的低壓區，這個壓力差作用在機身的截面上，就會對機身造成壓力阻力。

　　以上的說明不只針對機身，它對所有流線形物體所受的壓力阻力情形都適用，包含機翼和尾翼。那麼在設計上，要如何降低壓力阻力呢？首先，在機身前半部面對氣流的地方，為了緩和高壓區的產升及分布，讓高壓區的壓力盡可能平均地分布機首、不要在任何局部區域產生高壓的峰值，機首會設計成圓錐型，像一般的客機、潛水艇的設計；再來，為了讓流線盡最大可能地跟隨機身表面攀附、希望將氣流發生分離的分離點移到機身尾部愈後面愈好的地方，以最小化機身後部分離點之後產生的紊流流場、低壓區，機身都會設計成細長的流線形，普通的飛機機身、潛水艇也都是這樣細長的流線形設計。

圖 2.2.2　**機首的設計都是圓錐狀 /A350-900 作者攝**

生活中像這樣為了降低壓力阻力而設計成流線形的例子比比皆是，比如飛機的機身、機翼、船舶、潛水艇、高鐵等。那有沒有形狀非常不規則、壓力阻力非常大的部件呢？有的，比如說起落架。飛機的起落架明顯不是流線形，當飛機在起飛和降落的階段，起落架呈放下的狀態時，氣流流過起落架時就會產生強烈的紊流，造成（以起落架那樣大小的物體來說）很大的壓力阻力。

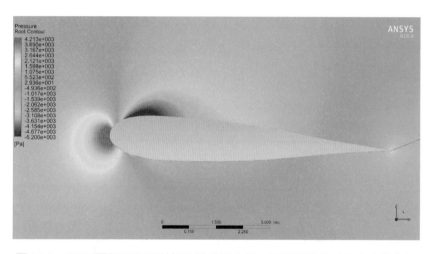

圖2.2.3　B737翼剖面在面對氣流時的壓力場，可看到前後（紅色和黃色）和上下（藍色和綠色）均有壓力差，這分別導致了阻力升力。 /Ansys fluent 流場模擬：作者

2.3 摩擦阻力

圖 2.3.1　氣流與物體表面的摩擦會造成阻力

　　阻力分成兩種，除了壓力阻力之外，還有另外一種阻力——摩擦阻力（Friction Drag）。當氣流流過機身表面時，氣流會與機身摩擦，而這個摩擦的剪力，就稱為摩擦阻力。

　　摩擦阻力的大小和機身的表面積有關，表面積愈大，摩擦阻力就會愈大。對於機翼、機身這種流線型的物體，雖然它們的壓力阻力較小，但它們的表面積仍會造成一定程度的摩擦阻力。

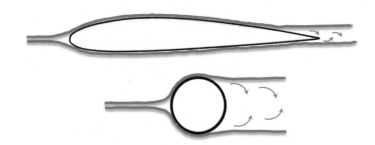

圖 2.3.2　流線型的物體有較小的壓力阻力，圓鈍型的物體有較大的壓力阻力。

在一個平面上，比較一個圓形（圓柱的二維切面）和一個翼剖面這兩個二維的物體。當氣流從圓形流過時，由於圓形的設計一點也不流線，導致氣流沒辦法沿著它的外型持續攀附，分離點會在圓形大約中間偏後面一點點的地方發生，在圓形的後半部廣大區域產生紊流，對於這樣的情況，我們可以知道該圓形將會受到很大的壓力阻力，但由於它的表面積相對較小（只有前半圓和氣流接觸的那部分），所以它的摩擦阻力較小。

　　反觀翼剖面的情況，由於翼剖面是細長的流線形構造，氣流會很好地一直攀附著它的表面，直到接近翼剖面末端、翼後緣的位置時才發生分離，也就是氣流的分離點在很後面的地方，這意味著它的壓力阻力很小；然而，由於氣流在整個流經翼剖面的過程中，幾乎都和機翼保持接觸，而且把物體做成翼剖面的形狀相對於把物體做成圓形的形狀，會帶來更多表面積，因此，翼剖面的摩擦阻力就會比剛剛提到的圓形更多。

圖 2.3.3　機翼有較大的表面積，因此會有一定成分的摩擦阻力。
/A350-900 作者攝

比較圓形物體和翼剖面的情況，我們可以觀察到，就阻力的「絕對大小」而言，翼剖面的阻力比圓形小很多，因為翼剖面降低了最關鍵的壓力阻力，儘管摩擦阻力有所提升，但因為摩擦阻力本來相對壓力阻力就小很多，因此這部分較可承受；相反地，圓形物體有太大的壓力阻力，儘管它的摩擦阻力較小，但那帶來的效益微乎其微，無法改變整體阻力非常大的事實。

但是如果從「占比」的角度來看，相較於圓形物體，翼剖面的所有阻力中，摩擦阻力占的比重就較多。比如翼剖面60％的阻力來自壓力阻力、40％的阻力來自摩擦阻力；圓形物體則是95％的阻力來自壓力阻力、5％的阻力來自摩擦阻力。

這個區別很重要，一個是從阻力的「絕對大小」來看，一個是在固定的阻力大小下，去分析壓力阻力和摩擦阻力所占的「比例」。接下來講到降低阻力的措施時，不能把這個概念搞混了。

在此小結一下阻力的成分：

總阻力＝整架飛機的壓力阻力＋整架飛機的摩擦阻力

2.4 邊界層

　　前面的內容大多建立在不可壓縮、無黏滯性流場的假設。不可壓縮流的假設在0.3馬赫以下的低速流場的情況下是合理、貼近真實情況的，也就是說，不可壓縮流的假設是否合理，它的分界線就是流速大於等於或小於0.3馬赫。由於大部分流場的現象都可以用0.3馬赫以下的氣流簡單展示，即便超過了0.3馬赫，在穿音速震波產生之前，流場的型態與大體機制也不會有太大的差異，我們將繼續使用這個假設。

　　另外一個無黏滯性流場的假設，我們現在要把它取消掉，開始考慮流場的黏滯性（Viscosity）。流體的黏滯性和溫度有關，它會造成一個很重要的現象——當流體從一個物體表面流過時，會在該物體的表面形成一個非常薄、流速從零（在物體表面「上」，流體的速度為零，這是所謂的無滑動條件）逐漸過渡到自由流的區域，這個區域，我們把它稱為邊界層（Boundary Layer，這裡和後面的內容指的都是速度邊界層，我們不會講到溫度邊界層）。所以有沒有考慮流場黏滯性的差異，主要就在有無考慮邊界層，對於遠離物體表面的外流場，有沒有考慮黏滯性幾乎沒差，但對於極度靠近物體表面的邊界層，則是需要考慮黏滯性才能建造它的物理模型、進而去研究它。

　　邊界層會從流體碰到物體的那一刻開始，逐漸沿著物體的輪

廓向後方延伸，直到後面在分離點時才無法持續附著、從物體表面分離。所以，機身和機翼的設計，最重要的就是讓這個邊界層能夠持續附著到儘量接近末端的地方，以減少壓力阻力。

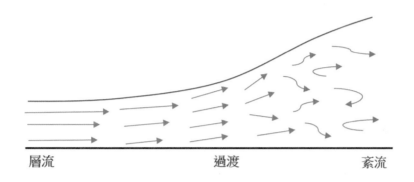

層流　　　　　　　　　　過渡　　　　　　　　　　紊流

圖 2.4.1　從層流過渡到紊流的過程

　　邊界層還分為層流邊界層（Laminar Boundary Layer Flow）和紊流邊界層（Turbulent Boundary Layer Flow）。二者的差別在於，層流內流體是一層一層互相平行往前流動，紊流內流體除了往前流，還會往斜上方或斜下方流動，其內還會有渦旋（Eddy）產生。

　　當氣流流過一個物體時，可能一開始是層流邊界層，後來發展成紊流邊界層，最後邊界層自物體表面分離；也可能一開始是層流邊界層，後來沒有發展成紊流邊界層就直接分離了；也可能一開始就是紊流邊界層，這要看物體具體的外型輪廓、流體的流速、流體的種類與溫度等，我們會用一個無因次化的物理參數來表示上述一系列因子，這個物理參數就叫做雷諾數（Reynolds Number, Re）：

$$Re = \frac{\rho \times V \times L}{\mu}$$

其中 μ 是黏滯係數（和流體的種類與溫度有關），ρ 是密度，V是流速，L是特徵長度（比如機翼翼前緣到其上表面某個位置的長度）

　　雷諾數小於500,000的流場區域，代表那裡主要是以層流邊界層為主；雷諾數大於500,000的流場區域，代表那裡主要是以紊流邊界層為主（以上是指外部流，管內流的分界是2,300～4,000）。

　　而這兩種邊界層的型態有一些重要性質：層流邊界層所帶來的摩擦阻力較小，紊流邊界層帶來的摩擦阻力較大，但是它能更強地隨著物體輪廓附著。會有這樣的差異是因為紊流邊界層內，不同層的流體會彼此互相交換動能，這使得接近物體表面的那層流體流速會較快，有更多的能量去「抓住」物體表面，從而對物體表面有更好的附著能力，但也是由於這樣的效應，而產生了更大的摩擦阻力。

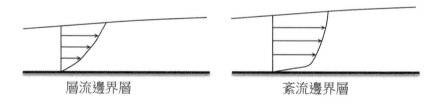

層流邊界層　　　　　　　　　紊流邊界層

圖2.4.2　層流邊界層和紊流邊界層內部的平均流速分布

　　飛機的機翼由於是設計成流線型的，本身的壓力阻力較小，所以層流邊界層就足以很好地附著到接近翼後緣的地方，又，在

阻力組成的占比上，摩擦阻力占得相對較多，因此，具有更低摩擦阻力的層流邊界層顯然是更理想的情況。

　　現在的機翼表面都設計的非常光滑，盡量減少機翼表面的粗糙度，就是希望讓附著在機翼上的邊界層氣流保持在層流的模式，借以降低摩擦阻力。有些翼剖面的外型，會刻意設計成讓邊界層氣流較容易成為層流的形式，這類翼剖面構型被稱為層流翼剖面（Laminar Airfoil）。

圖 2.4.3　**機翼在以較高的攻角面對氣流時，整體流場的情形就比較像是圓鈍形物體，會有較高的壓力阻力。**

　　然而，當飛機以高攻角飛行時，比如起飛、降落、轉彎、爬升的階段，機翼是以一個較大的角度迎接氣流，這個時候，在氣流看來，它就一點都不流線型了，實際上會比較接近前面提到過圓形物體的例子，氣流會很快地從物體表面分離、分離點會變得比較前面，整個機翼會承受很大的壓力阻力。在這樣的情況下，紊流邊界層能夠更大程度地沿著機翼的表面攀附、延後分離點發生的位置，進而大幅降低機翼的壓力阻力，很顯然，此時我們希望我們機翼上的邊界層氣流是紊流邊界層。

　　那如何達到這樣的目的呢？以圓形物體來說，它的方法是像

高爾夫球一樣在球體表面上製造許多凹洞，讓流經其上的邊界層變成紊流邊界層；以機翼來說，可以在飛機上的某些地方加裝「渦流產生器（Vortex Generator，其實就是一片類似小翼面的東西）」，比如引擎短艙上外加的鰭片、戰鬥機的翼前緣延伸翼，讓飛機在平飛（以流線形的姿態面對氣流）時，不產生任何效用，但當飛機以高攻角飛行時，那個鰭片相當於展弦比極低的小翼面，上下表面一有壓力差就可以產生渦流（相當於前面提過的翼尖渦流），這道渦流會流經機翼表面，注入到機翼表面本身的邊界層中，形成更強的紊流邊界層，而這個紊流邊界層就能更好地攀附於機翼的上表面，有效降低機翼在高攻角時的壓力阻力。

圖 2.4.4　發動機短艙外的鰭片能在高攻角時產生渦流。這張圖也可以觀察到機翼的氣動扭曲設計。 /B777-200ER 作者攝

前述在高攻角時「渦流產生器製造渦流用來加強機翼表面紊流邊界層」這件事情，還有一個更重要的功能──防止機翼失

速，或者讓機翼能到更高的攻角才開始失速（增加機翼的臨界攻角）。

在講解升力時提過，當機翼的攻角高到一個程度時，機翼上表面的氣流就無法再順著上表面的輪廓跟隨，會發生氣流分離的現象。在那裡講的氣流，就是指邊界層氣流。

當渦流產生器產生渦流去注入機翼表面的紊流邊界層時，機翼表面的紊流邊界層內，各層之間的氣流動量會有更頻繁的交換，使整個邊界層都具有更多的能量，如此一來，邊界層氣流就能夠更強地攀附在機翼的上表面，持續到更後面的位置才分離。

從以上的說明可以知道，當飛機以高攻角飛行時，渦流產生器對紊流邊界層的加強，能夠有效改善機翼的升力和阻力特性（延緩失速的發生和降低壓力阻力）。

前面提到加強邊界層的措施主要都是針對機翼上表面的氣流，這是因為機翼上表面的氣流較容易分離、機翼下表面的氣流相對而言不易分離許多，其原因和上表面氣流流場的逆向壓力梯度（Adverse Pressure Gradient）有關。

所謂逆向壓力梯度，簡單來說，就是機翼上表面的氣流，雖然是在向前流，但壓力卻是愈往後愈低。也就是說，在該區域的壓力場是前方高壓、後方低壓，這會使得氣流減速（但依然在前進，是「減速前進」），最後容易導致緊貼在機翼表面的邊界層氣流分離，造成其上方的自由流變得紊亂，形成機翼後方氣流較紊亂的尾流區。

相較之下，機翼下表面則較不易有這樣的現象。

2.5 寄生阻力

　　阻力有兩種區分方法，除了將阻力分為壓力阻力與摩擦阻力之外，還可以將阻力用另外一種方式區分：寄生阻力（Parasite Drag）與誘導阻力（Induced Drag）。

　　以下我們先就機翼的部分來作探討，最後再延伸到機身和尾翼。寄生阻力，就是指在二維流場的視角下機翼所產生的阻力；誘導阻力，就是指在三維流場的視角下，翼尖渦流所產生的阻力。

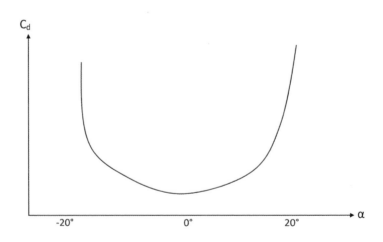

圖 2.5.1　NACA2412 機翼的二維寄生阻力係數 Cd（two dimensional drag coefficient）與攻角的關係

寄生阻力的大小和攻角有關。在二維翼剖面的視角下，如果機翼的攻角很小，那麼它的寄生阻力在組成的比例上，摩擦阻力占的比重就會較高、壓力阻力占的比重就會較小；如果機翼的攻角比較大，那在寄生阻力的組成占比上，壓力阻力的比重就會上升。

2.6 誘導阻力

　　誘導阻力是在三維流場的視角下，翼尖渦流所產生的阻力。而翼尖渦流為什麼會產生？因為機翼在飛行時必須時時刻刻不斷產生升力，而機翼產生升力就意味著其上下表面必須隨時存在著壓力差，有這樣子的壓力差存在，不可避免地，機翼的翼尖處就會產生渦流，進而造成阻力。因此，這種由於升力「誘發」而形成的阻力，就得名誘導阻力。

　　機翼產生的誘導阻力是源自於其產生升力時附帶產生的翼尖渦流，不過，由於升力的大小和升力係數、動壓、翼面積都有關，所以更仔細地說，如果排除掉飛行速度和空氣密度的影響，這個翼尖渦流的「強度（Strength）」，只和升力係數有關。在機翼升力係數較大時（如高攻角飛行時），翼尖渦流的強度就會比較強，誘導阻力係數也會比較大。

　　那為什麼翼尖渦流會造成阻力呢？前面在講解升力時提到過，翼尖渦流會把機翼後方的氣流往下帶，造成額外下洗，以至於三維機翼的升力不像二維機翼那麼理想；其實，翼尖渦流的現象就在那裡，說它會減少升力，或者說它會造成阻力，其實是在講同一件事情，只是抓不同的變量固定以後來看剩餘其它變量之間的關係而已，也就是說只是用不同的觀點來看而已，它們共同的根源，就是「造成氣流額外下洗」這個現象。

圖 2.6.1　橘色箭頭為翼尖渦流所導致的額外下洗角度和量值

　　考慮一個機翼在三維流場之中以固定的攻角飛行，而升力的獲得是因為機翼把氣流流動方向給偏折了（偏折角未必等於攻角，不過這不妨礙以下的解釋），假設氣流被偏折了5度，然而，由於翼尖渦流會把機翼後方的氣流再往下帶，所以還會造成假設2度的額外下洗，那氣流最後就是被偏折了7度。

　　和二維機翼（可視為翼根與翼尖處都是牆壁、不考慮翼尖渦流現象的機翼）的情況相比，製造同樣多升力的情況下，它只要把氣流偏折5度就夠了，現在這個三維機翼卻要把氣流偏折7度。很明顯地，相較於二維機翼的理想情況，翼尖渦流的產生導致三維機翼要多2度的攻角才能獲得同樣的升力，多出來的這2度攻角，就會使機翼承受更多的壓力阻力，因此我們就說，翼尖渦流會造成阻力，這個阻力就叫做誘導阻力。

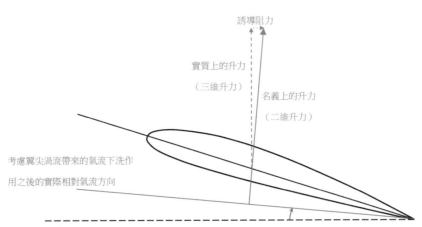

誘導阻力

實質上的升力
（三維升力）

名義上的升力
（二維升力）

考慮翼尖渦流帶來的氣流下洗作
用之後的實際相對氣流方向

迎來的相對氣流方向

圖2.6.2 誘導阻力的產生（橘色箭頭為翼尖渦流所導致的額外下洗角度）。
若將下方黑色虛線和藍色實線向後延伸，並畫出相當於橘色箭頭所標示的角
度，就可以和前面的圖互相對照。

圖 2.6.3　機翼靠近翼根處的翼剖面弧量較大、厚度較厚，安裝攻角也較大，靠近翼尖處的翼剖面則弧量較小、厚度較薄，安裝攻角也較小（時常等於零度）。這種氣動扭曲的設計，搭配展弦比的調整、機翼表面形狀（時常是梯形翼，但各型飛機機翼的漸縮比不盡相同）的安排，就可以改變升力沿機翼翼展方向的分布情形。絕大多數的飛機都希望升力在機翼內側分布較多、靠近翼尖的外側分布較少（但為了有效利用、不浪費機翼外側的翼面積，那裡的升力必須合理地逐漸減少，而非直接不產生任何升力），以降低翼尖渦流的強度，其中，翼尖小翼的設計還能更進一步減緩翼尖渦流的產生。 / A350-900 作者攝

2.7 飛機的總阻力

圖 2.7.1　除了整機的寄生阻力之外，機翼所造成的誘導阻力也不小。
/B787 作者攝

　　誘導阻力的大小和翼尖渦流是高度相關的，那當我們排除掉飛行速度與空氣密度的影響後，有哪些因素會影響誘導阻力係數的大小值呢？就機翼的設計來看，提高展弦比（AR）可以顯著降低翼尖渦流的強度，翼面形狀也有一些影響（橢圓形翼是最好的形狀），在機翼外型設計固定以後，就剩下前面提過的升力係數會影響翼尖渦流的強度了，因此，誘導阻力係數的公式為：

$$C_{D,i} = \frac{C_L{}^2}{\pi \times e \times AR}$$

其中，$C_{D,i}$ 代表誘導阻力係數（Induced Drag Coefficient），AR 代表展弦比，e（Oswald efficiency factor, 奧斯瓦德效率因子）代表翼面形狀偏離最理想橢圓形翼面的程度，大小介於 0 和 1 之間，C_L 代表升力係數。

　　整架飛機在特定攻角之下，總阻力係數等於零升力時的寄生阻力係數（Zero-lift Drag Coefficient），加上誘導阻力係數（此係數包含攻角提升所帶來的寄生阻力增量，與翼尖渦流所導致的誘導阻力這二者）：

$$C_D = C_{D,0} + C_{D,i}$$

其中 C_D 代表總阻力係數，$C_{D,0}$ 代表零升阻力係數

　　在同樣的氣動外型並以同樣的姿態（攻角）迎接氣流的情況下，當飛機以愈高的速度飛行，或飛在空氣密度愈大的低空，它的阻力就會愈大。因此，阻力公式：

$$D = C_D \times q \times S$$

其中 q 代表動壓，$q = \frac{1}{2} \times \rho \times V^2$

　　比較特別的是 S，S 代表參考面積，在一般的情況下，這個參考面積通常指物體的截面積，但在機翼阻力的定義中，這裡的 S 代表的是機翼的水平投影面積。

因此，我們可以歸納出機翼在特定攻角下的阻力公式：

$$總阻力 = 寄生阻力 + 誘導阻力$$
$$= （零升阻力係數 + 誘導阻力係數）\times 動壓 \times 參考面積$$

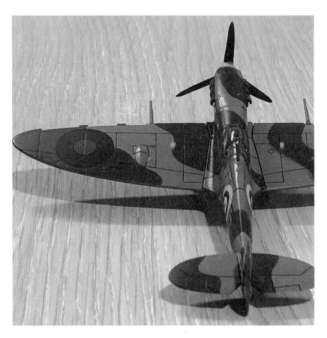

圖 2.7.2　**橢圓形是最理想的機翼表面形狀，因為它能讓升力在翼展方向上的分布達到最佳化 / 噴火式 MK 5 作者攝**

　　以上講的阻力都是對機翼而言，那對整架飛機呢？由於機身幾乎不產升升力（我們忽略它產生的升力），所以機身的阻力就都是寄生阻力；水平尾翼和垂直尾翼絕大多數都是對稱型翼剖面（即沒有彎曲、沒有弧量），因此除了本身的寄生阻力，它們只有在打舵角產生空氣動力效應的時候（平尾需要隨時打舵角來配平，垂尾沒事時不用打舵角），才會像機翼一樣產生誘導阻力，

不過，相較於主翼小很多，因為那些舵面產生的空氣動力相對來說並不大。另外，在計算整架飛機的阻力時，由於主翼、機身、尾翼、發動機掛架（pylon，派龍架）和短艙是裝在一起的，它們之間的流場還會產生交互作用，造成一些壓力阻力的產生，因此，最後加總時還要加上這部分所造成的寄生阻力：

飛機總阻力＝機身的寄生阻力＋
機翼的寄生阻力＋機翼的誘導阻力＋
水平尾翼的寄生阻力＋水平尾翼的誘導阻力＋
垂直尾翼的寄生阻力＋垂直尾翼的誘導阻力＋
引擎短艙的寄生阻力＋引擎掛架的寄生阻力＋
各部件之間流場交互作用所造成的寄生阻力

　　通常在平飛條件下，由於垂直尾翼不需產生任何空氣動力，它的誘導阻力是零；另外，引擎短艙的阻力有時候會算在發動機的阻力負擔之中，亦即，發動機的推力減去它所造成的阻力才能算是它提供給機體的淨推力，不一定會拿到這裡和機體本身的阻力算在一起。

　　以上公式中，阻力占最大的兩個成分就是機翼和機身的阻力。

圖2.7.3 擾流板可以在飛機降落後向上偏折,破壞機翼上表面的氣流,製造阻力。圖中機翼下方者為驅動襟翼的致動器及其整流罩。 /A330-300 作者攝

　　最後補充一點,飛機在降落時,機翼上表面的擾流板(Spoiler)會升起,它可以破壞機翼上表面的氣流,使機翼在降落時高速滑行的情況下不會產生升力,並且,它還可以搭配完全偏折的襟翼,一起製造壓力阻力,當減速板使用。

2.8 飛機氣動力外型總整理

圖 2.8.1　飛機的氣動外型設計必須考量在不同速度、不同攻角下，飛機升力和阻力的大小。/ B787-9 作者攝

　　至此，我們已經統整完所有關於飛機升力和阻力的所有知識，現在就讓我們統整一下飛機的氣動外型設計都有哪些特徵。

　　首先，機翼的設計會採用有弧量的翼剖面構造，並且，在機翼的翼展方向上，會有不同的翼面積、展弦比設計，機翼的面積大小，和它細長或粗短的程度都是設計的考量；當機翼從翼根延伸到翼尖時，它可以有不同的翼面形狀或者漸縮比，以梯形翼來

說，它的翼尖和翼根弦長比值是可以去設計的，另外，機翼在翼根使用的翼剖面構型和它的攻角，與機身中段各處、翼尖使用的翼剖面構型和攻角是不同的，整個機翼的剖面形狀是從翼根沿著翼展方向逐漸過渡到翼尖，這稱為氣動扭曲。有些機翼的翼尖還會加裝翼尖小翼，用以減緩翼尖渦流的強度。高速飛行的飛機可能還會有超臨界翼剖面、後掠翼等設計。

最後，當機翼需要更大的升力係數力時，除了增加攻角，也可以將機翼前緣的縫翼、翼後緣的襟翼伸展出來，這不只會讓機翼的剖面更彎曲、弧量更大，還會增加機翼表面積，進而讓機翼獲得更大的升力係數。

除了機翼本身的設計之外，發動機短艙上的小鰭片，在飛機以高攻角飛行時會充當渦流產生器的角色，製造渦流以加強機翼表面的紊流邊界層，在飛機平飛時則不會產生任何效用。

在機身的設計上，機首會設計成圓錐形，以減緩機首表面的高壓區，機身會設計成細長的流線型，好讓氣流流線能更好地隨著機身的外型輪廓流動，到儘量接近機尾的後方才無法持續攀附、產生分離。

大多數飛機的水平尾翼和垂直尾翼使用的都是對稱型的翼剖面，即它們的翼剖面是完全沒有任何弧量的，其中弧線完全重合於翼弦線，除此之外，它們和機翼一樣，也有面積、展弦比、後掠角等設計。關於水平尾翼和垂直尾翼的設計與功能，會在後面的內容詳述。

以上說的所有部件的表面都會儘量光滑，才能盡可能讓邊界層氣流以層流邊界層為主，降低整架飛機的摩擦阻力。

　　此外，在整機設計時還要考慮各部件之間的相對位置、流場交互影響的情形，比如機翼和機身因為裝在一起，它們的流場就會互相影響、融合，造成一些額外的壓力阻力，如何適切地安排各部件之間的相對安裝位置，也是需要去研究的。

機型	翼剖面構型	氣動扭曲	高升力裝置
A330-300	皆使用超臨界翼剖面，具體構型未知。	皆有氣動扭曲的設計，具體安排未知。	未知
B787-9			未知
A350-900			未知
B777-300ER			未知

機型	梯形翼的漸縮比	翼面積	翼展與展弦比	後掠角
A330-300	0.237	361.6	60.3m; 10.06	30
B787-9	未知	325	60m; 11.07	32.2
A350-900	未知	443	64.75m; 9.46	35.4
B777-300ER	未知	436.8	64.8m; 9.61	31.6

機型	圓柱形機身直徑與長度	引擎數量與位置	布局方式
A330-300	5.64m; 63.69m	2具引擎吊掛於左右兩翼下方	常規布局（主翼＋水平尾翼與垂直尾翼）
B787-9	寬5.77m高5.97m; 63m		
A350-900	5.94m; 66.8m		
B777-300ER	6.2m; 73.86m		

表：四型廣體客機的氣動外型設計

飛機的水平尾翼、垂直尾翼和副翼
是用來維持或改變飛機姿態的。
/B787-9 作者攝

第 **3** 章

尾翼與副翼的
配平與操縱

3.1 座標系的建立

　　在了解飛機水平尾翼（Horizontal Stabilizer）、垂直尾翼（Vertical Stabilizer）與副翼（Aileron）的功用之前，我們必須先建立一套系統，來完整定義飛機在三度空間中的移動和轉動。

　　我們把飛機的質心，也就是重心（Center of Gravity, c.g.），當作原點，從飛機質心指向機鼻的軸稱為 x 軸，以機鼻指向為正向，同時，我們把從飛機質心指向右翼翼尖的軸稱為 y 軸，該軸與 x 軸垂直，並以右翼翼尖方向為正向，最後，我們把從飛機質心出發，垂直指向機身下方，以該方向為正向，並垂直於 x,y 平面的軸稱為 z 軸。如此一來，我們便成功地在飛機的質心上建立起一個三維的座標系。

　　在這之中，x,y,z 的定義是有相對關係存在、不能隨意設定的，舉例來說，當上述原點和 x 軸方向、y 軸方向確定後，z 軸的向量就必須要是 x 軸向量和 y 軸向量的外積，換句話說，根據右手開掌定則，z 軸必須要指向下方。

圖3.1.1　飛機受力分析與六個自由度／F-16　Photo: Jepuo Tsai

　　一個質點，在三維空間之中，只有移動（往x,y,z三個方向移動）；但一個剛體（一個理想化假設下不存在受力變形這種情況的物體），在三維空間之中，卻有移動和轉動兩種模態。在定義出一套座標系之後，我們就可以開始用這套系統來定義飛機的移動與轉動：飛機沿著x軸的移動速度稱為軸向速度（Axial Velocity, 代號u），沿著y軸的移動速度稱為側向速度（Lateral Velocity, 代號v），沿著z軸移動的速度稱為法向速度（Normal Velocity, 代號w）；飛機沿著x軸轉動的速度稱為滾轉率（Roll Rate, 代號p），沿著y軸轉動的速率稱為俯仰率（Pitch Rate, 代號q）；沿著z軸轉動的速率稱為偏航率（Yaw Rate, 代號r）。以上三個移動、三個轉動的總共六種模態就稱為飛機的「六個自由度」。

3.2 力與力矩

　　飛機在x,y,z三個軸向上,除了剛剛說的有速度和角速度之外,更完整地說,應該是每個軸向上都有位移、速度、加速度,以及角度、角速度、角加速度,其中,前三者的正向以剛剛所說座標軸本身的指向為正向,後三者的正向則是基於座標軸的指向,以右手定則來判定。舉例而言,飛機向前飛行,它就是在沿著x軸的正向有一個軸向速度u,因此,它的速度就是正值,比如說+800km/hr;換一種情況,假設飛機參照著x軸以一個角速度p做逆時針轉動,也就是飛機在做一個右翼翼尖會變高、左翼翼尖會變低的滾轉,則它的滾轉率p就會是負的,比如-1.5rad/sec。

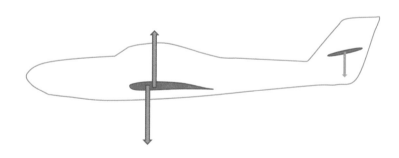

圖3.2.1　飛機重心在前、機翼壓力中心在後,和尾翼產生向下的力的情形。

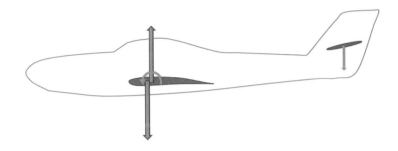

圖3.2.2　飛機重心在前、機翼氣動力中心在後，和尾翼產生向下的力的情形。

　　飛機在飛行時，會受到升力、重力、推力與阻力這四個力。這些力作用在飛機上，如果它們彼此不平衡（也就是合力不等於零），那它們就會對飛機產生加速度，也就是我們熟悉的 F＝ma，比如說如果在某個時刻推力比阻力大，那飛機在 x 軸方向上合力就不為零，就會有一個向前的軸向加速度；如果這些作用在飛機上的力，相對於飛機的重心，所產生的合力矩不為零，那飛機就會發生轉動，比如說實際上升力合力的作用點（壓力中心）通常落在飛機的重心後面一點點的地方，在這樣的情況下，升力相對於飛機的重心就會造成一股力矩（假設推力與阻力的合力也都作用在重心上，不造成力矩），而這個力矩就會對飛機造成角加速度，也就是 M＝Iα（其中 M 為力矩，I 為轉動慣量，α 為角加速度），飛機會開始低頭，有一個負的俯仰率 q 會逐漸產生。

　　很明顯這樣讓飛機一直低頭是不可接受的情況，那我們要怎麼讓飛機不要低頭、保持平穩的水平飛行呢？答案就是讓飛機水平尾翼後半部一個叫升降舵的構造往上打一個舵角，讓它產生向下的空氣動力，這個力相對於飛機的重心就會形成一股反向的抬

頭力矩，去抵抗剛剛說的升力對重心造成的低頭力矩，把飛機姿態矯正回來，並在飛機俯仰姿態恢復水平以後，繼續產生一個大小適中的力、產生一個恰到好處的力矩，去持續抵銷掉升力相對於重心產生的力矩、穩住飛機。而這樣「穩住飛機」的行為，就稱為「配平（Trim）」。

通常情況下，飛機的升力不會剛好作用在重心上，因此，飛機在飛行時隨時需要這樣一股力矩去穩住飛機、實施配平，讓整架飛機的合力矩為零，這也是為什麼飛機的水平尾翼非常重要的原因。

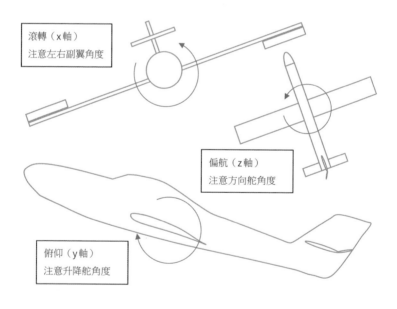

滾轉（x軸）
注意左右副翼角度

偏航（z軸）
注意方向舵角度

俯仰（y軸）
注意升降舵角度

圖3.2.3　飛機的三種轉動方式

輸入訊號
（相對於飛機重心的
力或力矩）

系統（飛機本體）

輸出訊號
（飛機飛行動態的改變）

圖3.2.4　可以把舵面偏折造成飛機姿態改變的行為用輸入與輸出的關係來看待

　　飛機的舵面包含水平尾翼上的升降舵（Elevator），垂直尾翼上的方向舵（Rudder），以及機翼外側的副翼（Aileron）。水平尾翼的升降舵需要隨時配平，三種舵面在各種小亂流來時要穩住飛機。另外，當飛機想要改變姿態時，此三種舵面也可以透過舵角的調節，產生空氣動力，進而對重心產生力矩、調整飛機的姿態（比如攻角的調整、滾轉等）。

　　至於為什麼它們藉由舵角的調節可以產生氣動力？以水平尾翼為例，那是因為在水平尾翼本身是對稱型翼剖面的情況下，在攻角為零時，它不會產生任何空氣動力，然而，當其後半部的升降舵向上或向下偏轉時，相當於改變了整個水平尾翼翼剖面的彎曲程度（和前面提過高升力裝置的原理類似），進而使水平尾翼像一般的翼剖面構造一樣有弧度（升降舵往下打的情形），或相反使其像倒過來的翼剖面（升降舵往上打的情形），產生向上或向下的空氣動力。

　　垂直尾翼和其後半部的方向舵也是一樣的道理，只不過垂尾是把整個類似平尾的構造90度立起來，讓它可以產生側向於機身的力；副翼也是一樣的道理，它裝在機翼的外側，角度可以上下偏折，向下偏折時就跟機翼較內側的襟翼發揮同樣功能，向上偏折時就產生向下的力，飛機過副翼讓機翼兩側產生大小不同的

升力，或甚至直接將一側的機翼向上抬、另一側的機翼向下壓，就可以讓飛機產生滾轉。

在實務上，水平尾翼不會只使用升降舵來控制飛機，飛機尾部內的液壓制動器可以將水平尾翼前半部本體的攻角調整，使整個水平尾翼有一個安裝攻角，可以加強飛機的縱向姿態上的控制能力。

圖3.2.5　偏轉的方向舵、升降舵和副翼。從這張圖也可看到翼根翼剖面的安裝攻角明顯較外側翼剖面的安裝攻角還大。 /A350-900 作者攝

飛機參照y軸進行俯仰（Pitch）稱為縱向動態（Longitudinal Dynamics），參照x軸進行滾轉（Roll）稱為側向動態（Lateral Dynamics），參照z軸進行偏航（Yaw）稱為方向動態（Directional Dynamics）。

　　如前面提到的，飛機在飛行過程中會受到升力、重力、推力、阻力這四個力，如果這四個力的大小相等且都作用在同一個點（重心）上，那飛機就會達到靜力平衡（合力為零，且同時合力矩為零），可以維持等高度等速度飛行。

　　然而實際的情況是，除了重力作用在重心上之外（這是重心的定義），升力、推力、阻力都不會作用在重心上，這會導致它們都會對飛機重心造成力矩，造成飛機的力矩不平衡。不過好在我們有水平尾翼等舵面可以在必要時產生力，對飛機重心形成力矩，去抵銷掉剛剛講的不平衡的力矩量，讓飛機的合力矩為零、不會發生轉動。

　　為了簡化問題，我們將探討的地方集中在最重要的點上。接下來，我們會假設飛機所受的阻力和推力都剛好作用在重心上，亦即，整架飛機所受的力之中，只有升力不是作用在重心上、會造成力矩，我們只要抵銷掉那個升力產生的力矩就好了。

3.3 壓力中心與中性點

　　在介紹機翼時提到過，針對機翼，我們定義了兩個點，一個是升力合力的作用點（嚴格來說是空氣動力合力的作用點，但由於我們較不在意壓力中心位置的高低，比較在意它的前後位置，所以我們忽略阻力的部分，只看升力），叫做壓力中心，它的位置是會隨著攻角而改變的、一直跑來跑去；另一個我們定義的點，是氣動力中心，它是一個接近距翼前緣 1/4 弦長處的點，在該點上，對於一個給定的飛行馬赫數，升力對該點所造成的力矩大小不隨攻角而變化。

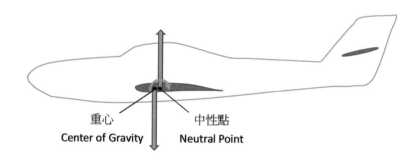

重心
Center of Gravity

中性點
Neutral Point

圖 3.3.1　飛機重心在前、中性點在後的情形。飛機的重心（Center of Gravity）大多在中性點（Neutral Point）之前。

　　現在，針對整架飛機，我們也定義兩個點，分別叫做壓力中心（Pressure Center）與中性點（Neutral Point）。壓力中心這個概念也是相同的，就是飛機所受空氣動力合力的作用點，但由於

現階段我們只在意它的前後位置，所以我們簡單地將其視為升力合力的作用點；至於中性點，它的定義則是「當重心被移到這個點上時，位於重心的力矩係數隨攻角的變化率是零」，也就是說，在中性點上，不管攻角如何變化，它所感受到的力矩大小都是一樣的，它相當於是「整架飛機的氣動力中心」。中性點的位置在飛機設計定型之後就是固定不變的，其中，水平尾翼的設計對中性點的位置有很大的影響。

　　如果藉由水平尾翼等舵面的調節，能讓整架飛機的壓力中心隨時保持和重心在同一點，那麼這架飛機就能夠保持平穩的姿態飛行。但在水平尾翼不介入的情況下，飛機的壓力中心是會隨飛行攻角的變化而不斷改變的，因此在分析上，用中性點的位置來衡量飛機的縱向穩定性是更好的選擇。

3.4 縱向的穩定與控制

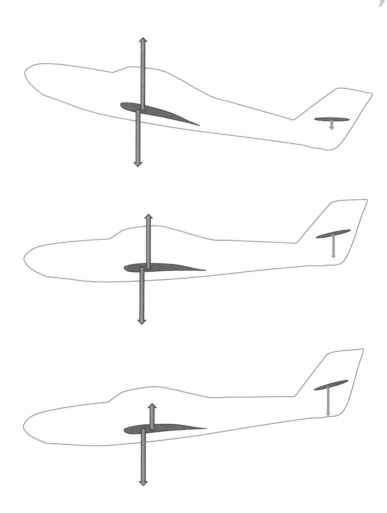

圖 3.4.1　重心在前、壓力中心在後的布局的飛機在不同攻角下的受力情形。
（先看中間配平的情況，再和上下進行比較）

對大型客機這樣的飛機來說，我們希望它在縱向飛行上能夠比較穩定（戰鬥機則相反，不那麼穩定的戰鬥機就可以飛得更靈活），於是，在設計上，我們都會讓飛機重心的位置保持在機翼的壓力中心之前，也就是機翼升力的作用點之前。

這樣的設計會帶來什麼效果呢？想像一架飛機，在一般情況下飛行時，升力的作用點在重心後方，會對飛機造成低頭力矩，此時，水平尾翼必須產生向下的力，對重心造成一個大小相等的抬頭力矩。當飛機受到前方氣流擾動，或水平尾翼後半部的升降舵快速的打了一個舵角後返回，造成飛機攻角稍微增加時，此刻，增加的攻角會讓主翼的升力增加，然而，重要的來了，由於主翼升力的作用點是在重心後方，所以這個「升力增加」的情況，卻會給飛機帶來一個「更強的低頭力矩」，這個更強低頭力矩就會漸漸地把飛機攻角壓低，使升力減少，最後把飛機的姿態調回來；相反地，若氣流擾動或舵面突然的脈衝訊號輸入讓飛機的攻角降低，則降低後的攻角會有更小的升力，由於升力的作用點是在重心之後，所以這個「減小的升力」導致的是「更小的低頭力矩」（原本機翼的升力就會對重心造成低頭力矩），在水平尾翼施加的抬頭力矩不變的情況下，會讓飛機有抬頭的傾向，漸漸地增加攻角、增加升力，把姿態調整回來。

綜上所述，將飛機設計成「重心在機翼升力作用點前方」所帶來的重要特徵就是：對於任何的外來擾動，飛機的姿態都會有自動調回來的傾向，也就是說，整架飛機的縱向姿態的維持上，是穩定的。換句話說，「位於飛機重心的抬頭力矩系數」和「攻角」是呈現「負相關」的。

從非線性控制的觀點來看，如果我們把攻角和攻角變化率在時域的相平面圖（Phase Plane）畫出來，就可以發現飛機在水平姿態時的平衡點，是一個「穩定的」平衡點。

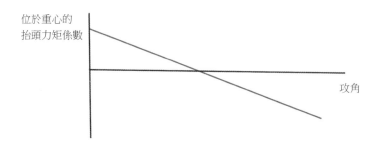

圖3.4.2　對於重心在壓力中心前的飛機，斜線的斜率會是負的。需注意的是，橫軸和縱軸的交會處並非（0,0），而是如（-0.5°,0）之類的數值，前者一定是微小的負值，換句話說，當抬頭力矩係數（圖中縱軸）為0時，對應攻角（圖中橫軸）會是微小的負值。

圖3.4.3　飛機的縱向姿態改變會牽涉到機翼的攻角變，連帶影響到總升力的大小，故飛機在縱向上的穩定與控制是比橫向和側向還來的重要。 /B787-9 作者攝

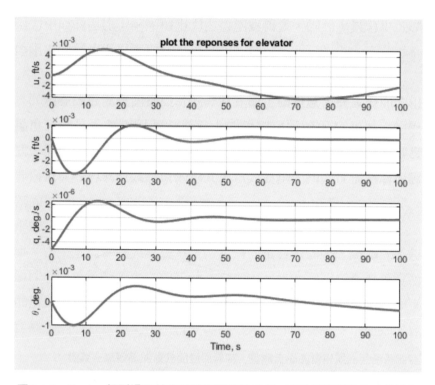

圖3.4.4　Navion 輕型通用航空飛機對升降舵給予1度脈衝訊號輸入（快速打一個舵角，讓飛機略微低頭後馬上返回）後的動態輸出，由上至下為向前的軸向速度u、向下的法向速度w、俯仰率q、俯仰角θ，可模擬飛機受微小擾動後的情形。不同穩定性設計的飛機，在受到輸入訊號之後，所輸出的動態行為表現就會不同，這和飛機的質量、沿各軸的質量慣性矩、數十種穩定與控制參數（主要取決於氣動力外型、控制舵面的設計）有關。 /MATLAB 時域動態響應模擬：作者

　　那對於不同的飛機設計，如何量化飛機的「穩定程度」呢？此時，我們不會用壓力中心來定義（因為它的位置會隨攻角不同跑來跑去），我們會用中性點和重心的相對位置來定義：重心和中性點的距離，再除以三維機翼的平均翼弦長，就稱為靜穩定裕度（Static Margin）。

$$靜穩定裕度 = \frac{翼前緣到中性點的距離 - 翼前緣到重心的距離}{平均翼弦長}$$

靜穩定裕度愈高的飛機就愈穩定，但過度穩定也是不好的，因為太穩定的飛機反過來說就很不靈活，當飛機需要做轉彎、爬升等機動時，就會變得比較不容易。因此，適切地選擇飛機的靜穩定裕度是必須的，以 A320 為例，它的靜穩定裕度約為 5%。

以上講的都是飛機要如何穩住機身、配平，除此之外，當飛機需要改變姿態時，也是同樣透過水平尾翼或升降舵產生力，進而對飛機重心造成力矩，去改變整架飛機的俯仰姿態。縱向的穩定與控制特別重要的原因，是因為縱向姿態的改變會導致飛機的攻角改變，使飛機的升力大小跟著變化，這會導致飛機產生高度的上升或下降。

3.5　側向的穩定與控制

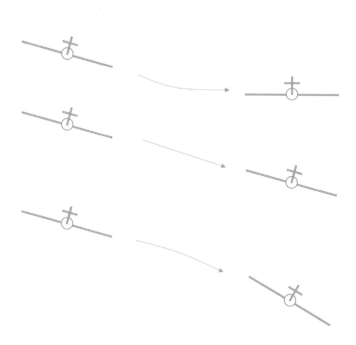

圖 3.5.1　飛機受到往斜下方的側滑擾動後，側向的穩定、中性和不穩定三種情形。

　　所謂側向的穩定性設計，就是飛機在滾轉這種模態的穩定性設計。

　　當飛機遇到不穩定氣流，受到擾動，導致飛機有一個滾轉角，進而開始向下側滑時，飛機的姿態是否有自己改平的傾向？或者說，當飛機想要透過滾轉一個小角度來轉彎時，副翼對整架飛機的控制效果如何？這些都牽涉到飛機側向穩定的設計。

圖3.5.2　具有上反角設計的機翼 /B787-9 作者攝

　　一般的大型客機，在側向穩定性上最重要的特徵，就是機翼有上反（Dihedral）和後掠的設計。

　　上反角，就是如果從飛機正前方看，會看到機翼會斜向上，即機翼由翼根長到翼尖時，並不是直直地往旁邊長，而是斜向上地往翼尖長，翼尖的翼剖面在高度上是比翼根的翼剖面還要高的。至於後掠角，它主要的功用是前面在講解升力時所說的增加飛機能夠飛行的臨界馬赫數，加強飛機的側向穩定性可說是個附加效果（雖然這個附加效果影響也滿大的）。

　　除了以上兩者，機翼安裝在機身上的相對位置，例如機翼是裝在機身的下方（這叫低單翼，Low Wing，是大部分客機的設計方式）、裝在機身的中部（中單翼）還是機身的上方（高單翼），也是會影響飛機的側向穩定性。大型客機為了讓引擎便於維修，都採用低單翼的設計；中單翼是有些戰鬥機的設計方式，高單翼則大多用在軍用運輸機。

　　回到機翼的上反角和後掠翼，為什麼那些設計能夠增強飛機的側向穩定性？這就要從滾轉和側滑的現象說起。現在從飛機的

「正後方」看它，當飛機滾轉一個角度後，由於原本垂直向上的升力線也跟著斜了一個角度（機翼產生的升力線始終垂直於機翼），在這樣的情況下，我們可以把那個傾斜了的升力線拆成一個垂直分量和一個水平分量——原本升力線的「垂直分量」繼續在鉛垂方向上擔負著實質升力的角色，不過，由於它只是原本升力線的分量，所以它實際上會比原本的升力還要小，即比重力還小，因此飛機會開始掉高度，另外一個原本升力線的「水平分量」則會造成飛機側滑。

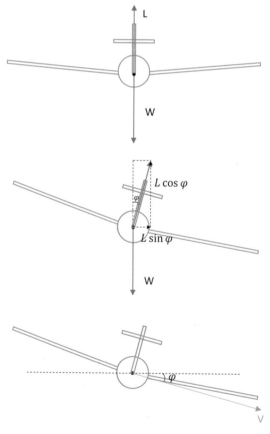

圖3.5.3　飛機受側滑擾動後的受力情形與速度

如此一來，將以上兩種運動模態結合，我們就可以知道，飛機滾轉一個角度後（在不增加推力也不使用襟翼來增加升力的情況下），便會開始向「斜下方」側滑。

　　當飛機開始向斜下方側滑時，往斜下方向移動的飛機，相對於靜止的空氣，就會產生一股相對氣流。這個相對風（即相對氣流）的方向，就是從機翼外側吹向機翼內側，而且，這個相對風的方向還會和機翼的翼展方向呈一個夾角，這個夾角，就是機翼的上反角，我們姑且把它叫做「側滑相對風」。

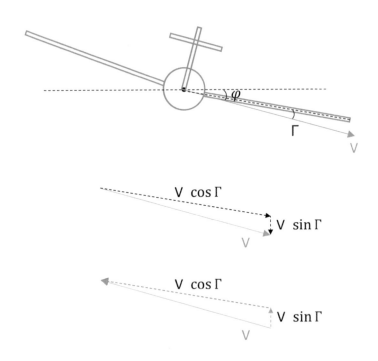

圖 3.5.4　側滑中的飛機所受的相對速度向量，可參照機翼的上反角拆成兩個分量。

這個「側滑相對風」非常重要，我們可以將這個側滑相對風根據直角三角形法拆成兩個分量：如果說原本的側滑相對風是直角三角形的斜邊的話，那第一個分量相當於直角三角形中比較長的那個邊，它和原本的側滑相對風夾一個剛好等於上反角的角度，也就是和機翼重疊（平行且共線）、方向為指向翼根；第二個分量則相當於直角三角形比較短的那個邊，它垂直於剛剛說的第一個分量（也就是垂直機翼的翼展方向），方向為向上指向機翼。

有了這兩個側滑相對風的分量之後問題就解決了。現在改從「側視圖」看飛行中的飛機，我們知道，飛機持續不斷地向前飛行，所以機翼隨時會面對一股水平流向它的相對風，在此處稱為「向前飛行相對風」。

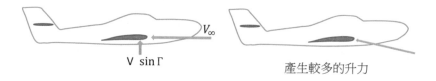

圖 3.5.5　上反角的設計讓機翼被往下壓的那一側能產生更多升力

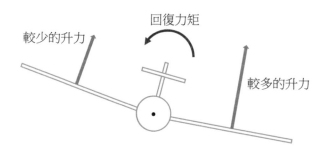

圖 3.5.6　被下壓的那一側機翼產生更多升力後，就能自動將飛機姿態調回水平。

首先，我們將這個「向前飛行相對風」，和剛剛提到「垂直指向機翼」的「側滑相對風的第二個分量」互相疊加，就可以得到一個「由下而上吹向機翼」的氣流，這個氣流相當於讓機翼有了更高的攻角、能產生更多升力，於是乎，在滾轉時，被下壓的這一側機翼藉由上反角的設計，使得其在向斜下方側滑時，能夠獲得更多升力，使自己這一側的機翼被「抬」回來。另外一側在滾轉時被抬高的機翼則相反，會獲得更少升力，是被「壓」回去。這樣一來一往的機制，使得飛機的滾轉姿態在向斜下方側滑的過程中，有自動回復水平的傾向，故它是一種增強穩定性的設計。

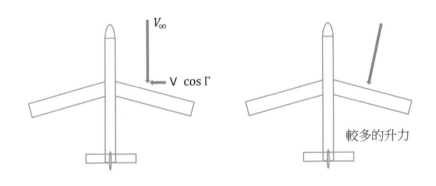

圖3.5.7　後掠角的設計讓機翼被往下壓的那一側能產生更多升力

　　另外，如果成從飛機的正上方，以「上視圖」的角度看飛機，並且把「向前飛行相對風」和「側滑相對風的第一個分量」互相疊加，就可以得到一個「斜向吹向機翼」的氣流，相較於無後掠翼的飛機，有後掠翼的飛機會讓這個氣流「看」到更短的機翼弦長，也就等同於「看」到有更多弧量的翼剖面，因此，這一

側的機翼就會產生更多升力，另外一側則相反，產生的升力會變少，如此一來一往，就又讓在滾轉中被壓低的那一側機翼產生更多升力、被抬高的那一側機翼產生更少的升力，自動把姿態矯正回來了。

　　以上講的都是穩定性的方面，至於當飛機想要透過滾轉來改變航向或轉彎時，只要控制機翼兩側的副翼去打不同的舵角、讓左右機翼產生不同大小的升力，或甚至直接將一側的副翼往上打、另一個的副翼往下打，都可以改變飛機的姿態，讓飛機開始滾轉。

3.6 方向的穩定與控制

圖 3.6.1　**垂直尾翼負責方向的穩定與控制 /B787 作者攝**

　　方向的穩定性設計，就是指飛機在偏航這種模態的穩定性設計。

　　在一般的大型客機設計中，負責維持飛機方向穩定性的，就是垂直尾翼。假設飛機受的一個擾動，或方向舵突然有個脈衝輸入，致使飛機產生一個側滑角時，原本平直的氣流，相對於飛機的垂直尾翼，就會產生一個攻角，而這個攻角就會導致垂直尾翼產生一個空氣動力（側向的升力），進而對機身重心產生一個反向的偏航力矩，把姿態調整回來。

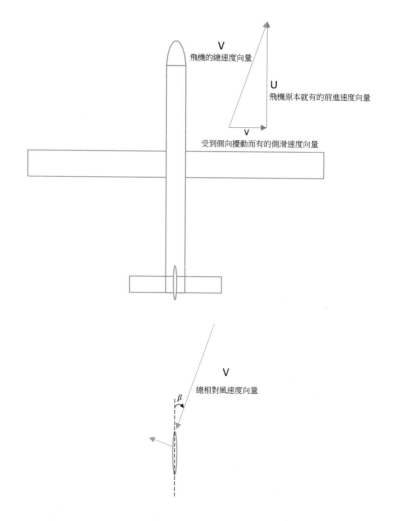

圖3.6.2　飛機受到側向擾動後，垂直尾翼所看到的相對氣流速度向量，能使其產生將飛機姿態調正的空氣動力。

　　對於某些情況下，如果飛機遇到比較大的擾動，比如一陣亂流來，導致飛機的側滑角過大，那垂直尾翼就有失速的危險，這樣的情況會使得飛機在方向上失去控制。為了儘量避免這樣的情

形，有的飛機的垂直尾翼會在其根部向前方延伸出一點面積（如ATR-72,B737-800），這稱為背鰭（Dorsal Fin），有了背鰭的設計，就可以讓飛機垂直尾翼在遭遇到更大側滑角的情況下，仍不會失速。

除此之外，當飛機以高攻角飛行時，機身會遮住垂直尾翼的根部，使垂直尾翼的根部，或甚至比較接近機身的一部分區域，都處在機身的尾流中，無法迎接平直的氣流，導致方向控制能力的降低，因此，很多飛機都將垂直尾翼的翼展設計得比較長，也就是讓垂直尾翼長高一點，藉以避免高攻角時方向穩定性的過度降低。

圖 3.6.3　**垂直尾翼根部的背鰭設計 /B737-800 作者攝**

除了以上之外，機身也會影響飛機的方向穩定性。當飛機受擾動而產生一個側滑角時，如果我們從飛機的正上方、用上視圖的方式來看飛機，那麼，筆直迎來的氣流會對有側滑角的機身產生一個側向的升力（此時的側滑角就相當於方向上的攻角），而由於細長流線形物體的壓力中心（升力的作用點）通常在整個物體較靠前的位置，亦即很有可能在飛機重心之前，因此這個側向升力對重心所造成的力矩通常會進一步加大飛機的側滑角，屬於一種不穩定的效果。這也就是為什麼飛機需要在重心後方加裝垂直尾翼，來保證整架飛機在方向上的穩定性。

　　除了穩定性的設計之外，當飛機想要產生一個偏航角時，就會用垂直尾翼後半部的方向舵的偏轉來產生空氣動力、對飛機重心形成力矩，進而改變自己的航向。

3.7 橫向與方向控制的耦合

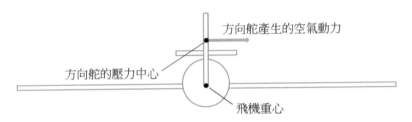

方向舵產生的空氣動力

方向舵的壓力中心

飛機重心

圖 3.7.1　**方向舵產生空氣動力時，除了原本的偏航，還會連帶造成滾轉的現象。**

　　實際上在研究時，飛機的橫向與方向穩定與控制是要一起討論的，因為這兩個方向的控制會彼此交互影響，稱為耦合（Coupling）。簡單來說，就是飛機在進行滾轉時也會不經意地製造一點偏航、在進行偏航時也會不經意地製造一點滾轉，所以為了更好地控制飛機姿態，飛機的副翼和方向舵通常都是一起作動的。

　　那耦合的現象是怎麼產生的？舉例而言，當飛機欲進行偏航，垂直尾翼上的方向舵打一個角度時，如果我們從飛機正上方、以上視圖的視角來看，垂直尾翼產生的這個力，固然會使飛機偏航，然而，如果我們從飛機正後方的角度來看，就會發現：垂直尾翼的壓力中心，也就是垂直尾翼產生的空氣動力的作用點，會和飛機的重心存在高度差，這就意味著，偏轉的方向舵在

製造偏航的同時，也會附帶製造滾轉，此刻，我們就必須用副翼來抵銷這個滾轉力矩。

同樣地，當副翼想要進行滾轉時，如果兩側打的角度不一樣，比如右邊副翼不動，左邊副翼往下打3度（飛機左和右的定義是「面朝機首的方向」，左手邊者為左翼、右手邊者為右翼），則飛機會因為左翼產生的升力較大而開始滾轉沒錯，然而，我們若從飛機的正前方看，右邊副翼沒動、左邊副翼打了3度，因此飛機左右兩邊的阻力是不一樣、不對稱的，很明顯在這樣的情況下，飛機左半邊的阻力比右半邊大，這差異的阻力會對重心造成力矩、導致偏航，在這樣的情況下，我們就需要用方向舵來抵銷這個力矩。

在講解側向穩定性時有提到，上反角、後掠翼這些設計會讓飛機在滾轉一個角度後往斜下方側滑的過程中，被壓低的那一側機翼會得到更多升力、被抬高的那一側則相反，根據空氣動力學的知識，攻角較大、產生比較大升力的那一側機翼會有較大的誘導阻力，因此，當滾轉角在改平的過程中，左翼和右翼也會因為阻力的不同，而會附帶造成偏航的現象，這都需要用方向舵來解決。

3.8 控制面的設計

圖3.8.1 尾翼的面積大小、安裝位置與重心的距離,都會影響它的控制效果。 /B777-300ER 作者攝

在探討完所有穩定與控制的知識之後,讓我們總結一下控制舵面的設計。

首先,實際飛行時,飛機重心的位置可能隨燃油的搭載量、載客載貨的情況不同而有所差異,甚至會隨著飛行中燃油的消耗而一直改變;第二,不只是升力的合力不會作用在重心上,通常飛機阻力的合力、發動機的推力,也未必會和重心在同樣的高度上,甚至起飛與降落階段起落架放下時,起落架所造成的阻力都

會給重心帶來力矩，因此，實際飛機在飛行時，水平尾翼的舵面角度要考慮的因素是更多的。

從設計的角度看，控制面由於是要對飛機重心製造力矩，所以它們的面積（決定能產生多大的空氣動力）、外型設計（展弦比、漸縮比、後掠角等）以及它和重心的距離（決定要產生力矩時，力臂的長短），相對於飛機本身的大小，都會影響到它的控制效果。

戰鬥機或許要求高的靈活性，但一般大型客機並不強求飛機的姿態要在很短的時間內就能對控制命令做出相應的動態響應，不過大型飛機卻較在意穩定性（以免乘客暈機），所以在水平尾翼、升降舵、垂直尾翼、方向舵和副翼的設計上，就要參照飛機的性能要求，選擇大小適中、安裝位置妥善的方案就好，若把舵面設計得太大，也只是造成阻力的上升而已（除了壓力阻力外，增加飛機的表面積，也會造成摩擦阻力的上升）。

有兩個指標可以用來衡量水平尾翼和垂直尾翼的控制效果，分別是水平尾翼體積比例（Tail Volume Ratio）和垂直尾翼體積比例（Fin Volume Ratio）：

$$水平尾翼體積比例 = \frac{水平尾翼1/4弦長處到重心的距離 \times 水平尾翼的面積}{平均翼弦長 \times 橫跨機身的翼面積}$$

$$垂直尾翼體積比例 = \frac{垂直尾翼1/4弦長處到重心的距離 \times 垂直尾翼的面積}{翼展長度 \times 橫跨機身的翼面積}$$

對於大型客機而言，水平尾翼體積比通常在0.91到1.0之間（舉例：B737-200為1.28，A300為1.12，B747-200為0.74），垂直尾翼體積比通常在0.083到0.09之間（舉例：B737-200為0.10，A300為0.094，B747-200為0.079）。

機型	布局方式	水平尾總翼面積與展弦比	水平尾翼1/4弦長位置（距主翼1/4弦長處）
A330-300	常規布局	未知	未知
B787-9		未知	未知
A350-900		約81.45m^2；約4.33	未知
B777-300ER		未知	未知

機型	垂直尾翼面積與展弦比	垂直尾翼1/4弦長位置（距主翼1/4弦長處）	後掠角	上反角
A330-300	45.19m^2；1.52	未知	30°	未知
B787-9	未知	未知	32.2°	未知
A350-900	51m^2；1.7	未知	35.4°	未知
B777-300ER	未知	未知	31.6°	未知

表：四型廣體客機的穩定與控制設計

第 **4** 章

航空發動機

4.1 發動機的功能

　　航空發動機，最重要的功能，就是為飛機提供推力（Thrust）。

　　在飛機所受到的四個力中，重力源自於地球重力場對具有質量的飛機所造成的非接觸力，升力和阻力這兩種接觸力已經在前面的內容中有了詳細的介紹，其中，升力負責抵銷重力，而這裡即將開始介紹的第四個接觸力——推力，就是要用來抵銷阻力的。

　　飛機藉由發動機提供的推力來不斷向前飛行、衝向空氣，而當飛機的機翼與空氣產生相對運動之後，機翼所受到的阻力就由發動機提供的推力克服，而機翼所產生的升力，就用於抵銷其所受到的重力，進而維持飛行。

　　提供推力固然可以視為是發動機最主要的功能，但從更廣義的角度來看，發動機是整架飛機的「能量來源」。

　　發動機燃燒燃油之後，將燃油的化學能轉化為氣體的熱能與動能，並將這些能量大部分轉化為飛機的動能，少部分的能量則拿去給飛機上的其它系統運作，比如發動機的渦輪會同時帶動齒輪箱，藉由液壓幫浦為飛機的液壓系統（Hydraulic System）提供液壓動力；同時，齒輪箱出的軸功還會驅動發電機，發電機產生

的電能就是機上電力系統（Electrical System）的電源，它會為各個系統供電；最後，藉由發動機的壓縮器提供的一些高壓空氣，能夠為飛機的氣動系統（Pneumatic System）提供氣源。至於為發動機供油的燃油系統以及提供潤滑的潤滑油系統，它們的幫浦也是由發動機帶動的。

當飛機在地面上時，除了發動機之外，以上提到的各個飛機系統的能量也可以是由裝在飛機最尾端內部的一個輔助動力單元（Auxiliary Power Unit，簡寫為 APU，它是一個小型燃氣引擎）來提供。

以下的內容，將著重發動機產生推力、為飛機提供動能這部分。

4.2 噴射引擎與推力

圖 4.2.1　引擎尾部噴出的氣流會造成推力——注意發動機噴嘴後方噴出的強勁氣流 /B787-8 作者攝

　　噴射引擎（Jet Engine）是如何產生推力的呢？我們先暫且不看引擎內部的複雜構造，就把它當成一個未知詳細構造的整體，從比較大尺度的觀點來看：噴射引擎，會把空氣吸進去，並且以更快的速度噴出來；只要它把空氣噴出的速度比先前吸進來時還要快，它就能產生推力。

圖 4.2.2　發動機吸入空氣後，會將其以更快的速度噴出。

以上是一個很簡單的敘述方法。不過，那樣簡單的陳述，卻少強調了某些重點。試想，在同樣是把空氣以更快的速度噴出，而且噴出氣流的速度增加量也一樣的情況下，若引擎只噴出小質量的氣流，或引擎噴了巨大質量的氣流，那產生的推力大小肯定也不一樣，對吧？就好像今天如果是把一瓶礦泉水質量的水向後噴出，和把整個游泳池質量的水向後噴出，在速度增量相同的形況下，它們產生的推力也會天差地遠。此外，若將相同質量的氣流，以相同的速度增加量噴出，引擎能在愈短的時間內完成這個過程，產生的推力也愈大，也就是如果引擎吸進一團氣流，並以一樣的速度增幅噴出，一個引擎由於在怠速中，花了 0.5 秒完成這個過程，另一個引擎在正常運轉中，只花了 0.001 秒就完成了（數字隨便舉例的，只是為了說明），那很明顯地，後者產生的推力一定會比較大。

　　如果我們簡單地看，引擎是要產生推「力」，但如果我們更仔細地觀察推力產生的機制，就會發現有「速度的增量」「流體的總質量」和「完成這整個過程所花的時間」三大要素去決定了這個推「力」該有多大。這就又回到最開始講的，具有質量與速度的物體，就具有動量，而在一定時間內，動量的增加或減少量，就是「力」；或者說，產生升力時，由於氣流被向下偏折、在鉛錘方向上多出了一個向下的動量，那麼根據動量守恆，機翼就會獲得一個向上的動量，機翼獲得的這個動量再除上氣流從翼前緣流到翼後緣所花的時間，就是升力，對比之下，產生推力時，引擎將一團具有質量的空氣吸進去，並以更快的速度將其噴出，這導致那團氣體的動量增加了，根據動量守恆，引擎此時會獲得一個向前的動量，這個動量再除上氣體從被吸入到被噴出所

經歷的時間，就會得到引擎的推力。

$$\frac{\Delta mv}{t} = F$$

　　空氣在一定時間之內動量的改變，固然是噴射引擎推力的主要成分，但並不是全部。除了單位時間內動量改變所造成的力以外，引擎噴嘴的壓力（相對高壓）和進氣口的壓力（相對低壓）相減後再乘上噴嘴的截面積，也會造成推力。此外，噴出的燃油，在從燃燒室噴出到隨著整體氣流離開噴嘴這段期間的動量改變（儘管燃油燃燒後已經發生化學反應變成其他氣態物質，但根據質量守恆，這多出來的質量也要算進去），也會造成推力。因此，我們可以總結出噴射引擎的推力方程式：

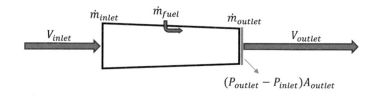

$$(\dot{m}_{inlet} + \dot{m}_{fuel} = \dot{m}_{outlet})$$

$$T = \dot{m}_{outlet} V_{outlet} - \dot{m}_{inlet} V_{inlet} + (P_{outlet} - P_{inlet}) A_{outlet}$$

其中 $\dot{m} = \frac{dm}{dt} = $ 質量流率，字母上的點是對時間微分的符號

推力＝空氣的質量流率 ×（噴出時的速度－吸入時的速度）
　　　　＋燃油的質量流率 × 噴出時的速度
　　＋（噴嘴的氣壓－進氣口的氣壓）× 噴嘴面積

4.3 渦輪引擎的種類

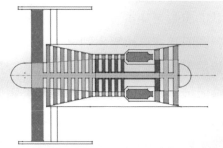

圖 4.3.1　渦輪扇引擎的基本構造（下圖未將壓縮器和渦輪的定子畫出）/ 用於 B747-100/200/300/SP, A300B4-200 等機型的 JT9D 引擎 作者攝

　　渦輪引擎分為四種：渦輪噴射引擎（Turbojet Engine）、渦輪扇引擎（Turbofan Engine）、渦輪螺旋槳引擎（Turboprop Engine）、

渦輪軸引擎（Turboshaft Engine），現在大部分的噴射引擎飛機使用的都是渦輪扇引擎，中大型的螺旋槳飛機使用的是渦輪螺旋槳引擎（小型螺旋槳飛機可能會使用往復活塞式引擎，Reciprocating Engine）。

渦輪引擎是藉由噴射氣流提供推力；渦輪扇引擎是在渦輪引擎的前方加裝一個風扇（Fan），並將原本噴射氣流的一部分動能汲取出來去轉動風扇，因此它的推力是由原本的噴射氣流再加上風扇產生的氣流提供；渦輪螺旋槳引擎則是在渦輪引擎前方加裝螺旋槳（Propeller），將所有噴射氣流的動能都汲取出來去驅動螺旋槳，因此它的推力主要由螺旋槳提供。螺旋槳的剖面也是翼剖面的構造，如果說機翼是製造上下翼面的壓力差、產生升力，那螺旋槳就相當於是立直了的翼剖面，藉由不斷轉動與迎接飛行時面對的平直氣流來使槳面獲得相對氣流，製造前後的壓力差、產生推力，其中，大部分飛機的螺旋槳攻角還可以根據不同飛行速度來做最佳化調整（Variable Pitch）。

由此可知，這三種渦輪引擎的核心機都是一樣的，就是一開始講的那個渦輪噴射引擎。當然這是比較粗略的說法，實際上渦輪扇引擎和渦輪螺旋槳引擎為了適應各自不同的設計與操作特性，還是產生了許多加改裝，不過，基本上它們的底層工作原理還是類似的，為了理解上邏輯的連貫性、思路上的連續性，接下來，會先介紹基本的渦輪噴射引擎，再介紹加裝了風扇的渦輪扇引擎。

圖4.3.2　使用在F-5E/F上的J85渦輪發動機／作者攝

圖4.3.3　齒輪箱通常裝在發動機下方，帶動液壓、電力等系統，外部管線有引氣系統、燃油系統、潤滑系統等。／作者攝

4.4 渦輪引擎的構造總覽

圖 4.4.1　壓縮器（藍色）、燃燒室（紅色）與渦輪（橘色）。 /作者攝

　　渦輪引擎的核心就是三個構造：壓縮器（Compressor）、燃燒室（Combustion Chamber）和渦輪（Turbine）。渦輪引擎藉由壓縮器將空氣吸入並壓縮，將氣流加壓以後送到燃燒室，燃燒室會噴灑燃油（Fuel），並將燃油與高壓空氣混合在一起後點燃（Ignition），燃燒後的氣流會向後衝向渦輪並轉動之，再從噴嘴（Nozzle）噴出、形成推力，而被轉動的渦輪會藉由連接其與前方壓縮器中軸（Spool）去轉動壓縮器，壓縮器因而可以繼續壓縮空氣，讓這個循環不斷地進行。「循環（Cycle）」的概念是很重要的，噴射引擎能夠持續輸出推力，就是因為它的整體機制是一個熱機循環，能讓其周而復始的不斷運作。

圖4.4.2　渦輪發動機實物，此為航空史上第一款可以非常穩定運行的渦輪噴射發動機——使用在F-104上的J79。／作者攝

圖4.4.3　壓縮器實物，前段氣壓較低，後段氣壓較高，圖中僅有轉子，定子已被移除。／作者攝

4.5　壓縮器

　　渦輪引擎的氣
流在進氣後先被吸
到 軸 流 壓 縮 器
（Axial Compressor）
中，壓縮器是由一
連串不會轉動的定
子葉片（Stator）和
會轉動的轉子葉片
（Rotor）交錯排列
而成，一排定子和

圖 4.5.1　**壓縮器的轉子和定子交錯排列 / 作者攝**

一排轉子合稱為一級（Stage），其中，定子葉片和轉子葉片的
剖面都是翼剖面的構造。

　　為什麼氣流經過定子、轉子、定子、轉子……這樣的構造之
後可以被加壓呢？

　　首先，發動機的第一排定子稱為可變進氣口導片（Variable
Inlet Guide Vane, VIGV），這排定子迎接進氣氣流的角度（它的
「攻角」）是可調的，也就是說，它可以改變「導通後氣流的流
向」，這是很重要的；在氣流流過可變進氣口導片之後，就會流
向轉子。

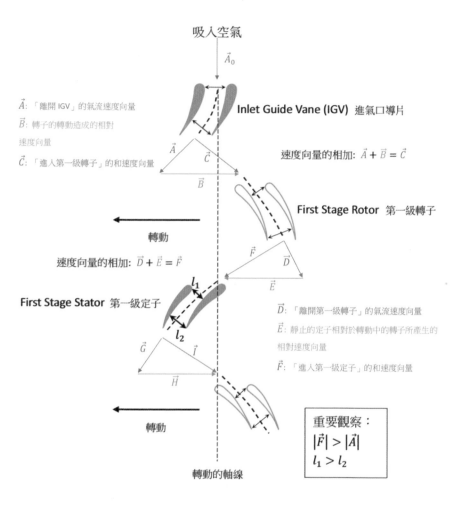

吸入空氣

$\vec{A}_0$

$\vec{A}$:「離開 IGV」的氣流速度向量

$\vec{B}$: 轉子的轉動造成的相對
速度向量

$\vec{C}$:「進入第一級轉子」的和速度向量

Inlet Guide Vane (IGV) 進氣口導片

$\vec{A}$

$\vec{C}$

$\vec{B}$

速度向量的相加: $\vec{A} + \vec{B} = \vec{C}$

First Stage Rotor 第一級轉子

轉動

速度向量的相加: $\vec{D} + \vec{E} = \vec{F}$

$\vec{F}$

$\vec{D}$

$\vec{E}$

First Stage Stator 第一級定子

l_1

l_2

$\vec{G}$

$\vec{I}$

$\vec{H}$

$\vec{D}$:「離開第一級轉子」的氣流速度向量

$\vec{E}$: 靜止的定子相對於轉動中的轉子所產生的
相對速度向量

$\vec{F}$:「進入第一級定子」的和速度向量

轉動

重要觀察:
$|\vec{F}| > |\vec{A}|$
$l_1 > l_2$

轉動的軸線

圖 4.5.2 軸流式壓縮器壓縮空氣的原理

　　由於轉子本身是一直向一個固定的方向在轉動,因此,相對
於剛離開可變進氣口導片的氣流,轉子和氣流間就會因為轉子轉
動的關係而有一個相對速度。這個因為轉子轉動而存在的「相對
速度向量」,再加上氣流經過可變進氣口導片之後「導通後氣流」
的速度向量,就等於是「氣流相對於轉子」的「實際速度向量」。

這個氣流流過轉子之後，靜止的下一排定子，相對於氣流所在的高速轉動中的轉子，也具有相同的非常高的相對速度向量（意思就是，假設我坐在高鐵上看著窗外的景物快速向後移動，並且認為自己是靜止的，那我就會覺得外面的世界快速地往我後方衝過去；現在轉子就是高鐵，剛離開轉子的氣流就是準備從高鐵上跳車的乘客，外面的世界就是定子）。剛離開轉子的氣流「本身所具有的速度向量」，再加上這個它碰到的「轉子與定子之間的相對速度向量」，得到的就是它「相對於下一排定子的速度向量」。

　　重點來了，剛剛氣流離開可變進氣口導片（可視為前一排定子）之時、準備進入轉子之前，氣流「相對於可變進氣口導片」的「離開速度」，和現在氣流離開轉子之後、準備進入下一排定子之前，「相對於下一排定子」的「進入速度」一比較，就可以發現，進入下一排定子的「進入速度」，比離開可變進氣口導片（可視為前一排定子）的「離開速度」，還要快！也就是說，轉子把氣流加速了，讓下一排定子看到的氣流比上一排定子看到的氣流還快！言下之意，就是轉子藉由自身的轉動，讓氣流有更高的動能。

　　離開轉子後，被加速的氣流會流入下一排定子。而定子是靜止的，它就在那裡讓氣流流過去。可是，定子卻有一個特色，就是如果我們仔細看相鄰兩個定子葉片中間的間隙，就會發現這個間隙一開始是比較窄的，到後面是比較寬的，就是這樣的特徵，發揮了很重要的功能——讓氣流的氣壓上升。

　　當氣流以同樣的質量流率從一個比較窄的入口流入，並從一

個比較寬的出口流出時，它在流出時的流速會變慢。而在總壓相等的情況下，動壓變低（流速變慢），靜壓就會變高（又有點白努力定律的感覺了），也就是氣壓會上升。

因此，靜止不動的定子沒有給氣流任何能量，它所做的事情，就是把剛剛轉子給氣流的動能，轉換成氣體壓力的上升，也就是完成壓縮器中「壓縮」的這個步驟，除此之外，還能導正被轉子改變流動方向的氣流。

用一句話來說，轉子就是把氣流「加速」，定子就是把氣流「減速加壓」。一排轉子和一排定子合稱為一級，引擎的壓縮器都有很多級這樣不斷排列下去。由於壓縮器的轉子是後面的渦輪藉由中軸驅動，而中軸通常有兩根呈同心圓放置，後面轉得比較快的高壓渦輪就會透過外環中軸轉動壓縮器後半部的那幾排轉子，轉得比較慢的渦輪就會透過內環中軸來轉動前方比較慢的那些轉子，使得壓縮器前半排的轉子轉速較慢、後半排的轉子轉速較快，這些轉速都是經過精確調整的，也因為壓縮器裡的氣體的壓力是不斷上升的，前半部分的壓縮器就叫做低壓壓縮器（Low Pressure Compressor），後半部的壓縮器就叫它高壓壓縮器（High Pressure Compressor）。壓縮器的最後一排是導引氣流的定子，它們會將氣流導正，使其直直地向後流往燃燒室，避免氣流在加壓的過程中一直被轉子旋轉而產生的旋轉速度分量帶走部分氣體動能。

而隨著飛機不同的飛行速度所造成的不同進氣速度、不同飛行高度所造成的不同進空氣密度，還有發動機輸出不同大小推力所造成的轉速差異，可變進氣口導流片和前面幾排定子的角度

（也就是壓縮器內的氣流和那些定子葉片之間的「攻角」）都是可以根據飛行條件做最佳化調整的，這也能避免在某些情況下壓縮器葉片失速，造成所謂的引擎喘振（Surge），適切地根據發動機的運行狀況調整前排定子的角度，可以避免這個現象的發生。另外，由於空氣密度在壓縮的過程中不斷上升，所以為了讓壓縮器內氣流的流速不要變化太大，壓縮器的空間從前面低壓區到後面高壓區是愈來愈窄的。

　　壓縮器內產生的壓縮空氣還會抽一小部分出來，當成冷空氣，為後面的渦輪內部進行冷卻，以及在其表面形成一層隔熱氣膜（渦輪是空心的而且表面有小孔洞可以讓冷卻氣流出來形成隔熱氣膜）。

　　氣流在壓縮器中進行層層加壓後，最後會將壓縮好的高壓空氣送往燃燒室。一般大型客機所使用的引擎，其總壓縮比（Overall Pressure Ratio）可達40以上。

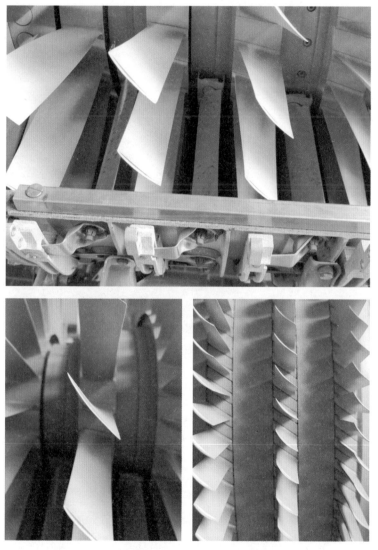

圖 4.5.3　壓縮器的定子與轉子交錯排列,注意到機匣外用來調整定子
角度的構造,和前後段壓縮器葉片的外型變化。 /作者攝

4.6　燃燒室

　　燃燒室有罐型的（Can type）、環形的（Annular type）和罐環複合型的。罐型的燃燒室就是有數個獨立的罐子呈環狀排列，高壓空氣會注入每個罐型燃燒室中；環形燃燒室就是整個燃燒室就是一個整體的環，整

圖 4.6.1　**環形燃燒室（紅色）和燃油噴嘴（橘色）/作者攝**

個環會一起連接前方的高壓壓縮器與後方的渦輪；罐環複合型則是介於這兩者中間的設計，在罐型燃燒室後面再加上環狀結構。

　　罐型燃燒室較容易控制空氣和燃油之間的交互混合作用，但是長度太長了，相對於它的體積來說，它有較高的表面積，會造成較高的壓力損耗和冷卻氣流的需求量；環型燃燒室很有效地利用空間，在同樣功率輸出與直徑大小的情況下，長度相較於罐型燃燒室可以短許多，也因此而有較輕的重量，並且它的表面積相對體積而言，比罐型燃燒室小很多，所以不需要那麼多高壓空氣來冷卻燃燒室內壁。現在大型客機的渦扇引擎大多使用環型燃燒室。

燃燒室會將來自高壓壓縮器的氣流分成兩部分，一部分用來當冷卻氣流，用於冷卻與保護燃燒室內壁，另一部分的氣流就會拿去進行燃燒。燃油噴嘴會把航空燃油（Aviation Fuel，以煤油Kerosene為主要成分）噴成霧狀，並讓其和高壓空氣均勻混和，使兩者的混和物充分燃燒，燃燒後的高溫氣體就會向後方的渦輪作功。

良好的燃燒室設計包括能將燃油中的化學能全部釋放出來變成熱能、在正常操作的氣流和壓力等條件下不能熄火（火焰不能被高壓壓縮器送來的氣流不小心吹熄）、較低的壓力損耗、將燃燒後的熱量均勻分布於各處（避免某些區域溫度特別高）等。在正常情況下，良好的燃燒性能是不會讓引擎噴出黑煙（炭微粒）的。

圖 4.6.2　燃油噴嘴和罐環複合型燃燒室。注意到燃燒室前方絕大部分的構造為罐形，在罐狀構造結束後、藍色部分的末端（圖中最右邊處，財產標籤貼紙的右方），才開始逐漸將氣流整合到一個環型構造內。／作者攝

圖4.6.3　使用環形燃燒室的J-65 W-3A引擎。下排由右至左依序為壓縮器、環形燃燒室、渦輪與噴嘴。　/作者攝

圖4.6.4　環形燃燒室 /作者攝

4.7　渦輪

在燃燒室燃燒後的氣流，會先衝到噴嘴導流葉片（Nozzle Guide Vane, NGV）上，這個構造就有點像前面提到的壓縮器裡的定子，它也是不會動的，主要是負責導流（也有些種類是在導流的同時會將氣流加速，將壓力轉換成氣體動能）。

圖 4.7.1　**高壓渦輪（紅色）與低壓渦輪（橘色）** /作者攝

在噴嘴導流葉片後方就是渦輪葉片（Turbine Blade），它是會轉動的。渦輪葉片會被氣流帶動，而整個渦輪的構造也是類似壓縮器的定子與轉子不斷交錯排列下去一樣，是由噴嘴導流葉片與渦輪葉片這樣不斷交錯排列下去而構成的，前半段緊接著燃燒室的是高壓渦輪（High Pressure Turbine），後半段是低壓渦輪（Low Pressure Turbine）。由於各級渦輪的壓力逐漸降低，單位質量氣體的體積會逐漸增加，渦輪的空間從前面到後面是會愈來愈大的。

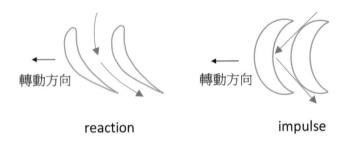

轉動方向　　　　　轉動方向

reaction　　　　impulse

圖4.7.2　不同種類的渦輪設計，有會藉由入口面積較大、出口面積較小的設計來增加氣流流速（同時降低氣壓）的反作用型（Reaction type），和純粹改變氣流流動方向的衝擊型（Impulse type）。

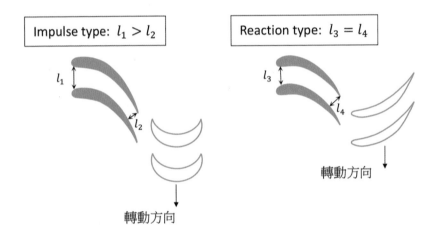

Impulse type: $l_1 > l_2$

Reaction type: $l_3 = l_4$

轉動方向

轉動方向

圖4.7.3　渦輪轉子前的「渦輪定子」在兩種類型的設計上也有不同，前面的類型，它的入口較寬、出口較窄，會將氣流加速（並降壓）；後面的類型，它只會純粹改變氣流的方向而已。

　　渦輪葉片要從衝向它的氣流中汲取動能，其中它的轉子葉片有不同構型，汲取動能的原理也不太一樣。衝擊型（Impulse type）渦輪轉子葉片採取的是很彎曲的形狀的剖面，它是利用從前面噴嘴導流葉片來的氣流，直接去衝擊渦輪葉片，進而使渦輪

葉片轉動，而氣流的流動方向也發生很大改變；另一種反作用型（Reaction type）渦輪轉子葉片，它的剖面形狀的彎曲程度就比較緩和，主要是靠氣體的膨脹和加速來汲取力。此外，渦輪葉片在根部剖面的角度和在尖端剖面的角度不一樣（Stagger Angle Variation），讓氣流在其上各個地方的作功都比較平均、軸向流速也比較均勻。目前發動機的渦輪都是介於衝擊型和反作用型之間的設計（Impulse-reaction type），一般來說，其靠近根部處的作用機制會以衝擊占較多，靠近尖部處的作用機制會以反作用占較多。就這樣，透過一級一級的噴嘴導流葉片和渦輪葉片，不斷地從氣流中汲取能量，用於轉動中軸，並且在這個過程中消除氣流因為渦輪轉動而產生的旋轉速度分量，將其導正（也將旋轉方向速度所帶來的動能轉回氣體向後的總動能），最後將其向後噴出、形成推力。

中軸被轉動後，主要的任務是帶動前方的壓縮器，讓它可以繼續壓縮空氣、持續這個熱機循環，而中軸通常有兩根（或三根），呈同心圓放置，高壓渦輪透過外環中軸驅動高壓壓縮器、低壓渦輪則透過內環中軸驅動低壓壓縮器，兩個壓縮器的轉速比會被控制在一個最佳值；除此之外，外環中軸還會帶動齒輪箱（Gear Box），輸出功給機上的各種系統使用。由於引擎中有很多轉動件，所以需要滑油系統來潤滑（Lubrication），而滑油幫浦也是引擎輸出能量帶動的。至於燃油系統，正常情況是由引擎輸出能量去帶動燃油幫浦，緊急時也可以靠重力讓燃油自行流入引擎中。

渦輪引擎的渦輪會吸收氣流能量的約 75%（甚至像渦輪螺旋槳引擎是約 90%）去帶動前方壓縮器。

圖 4.7.4 CF6-80C2
發動機第二級渦輪盤
和葉片，注意葉片的
根部和尖端形狀不
同。/作者攝

　　渦輪由於是位在燃燒室正後方的構造，必須面對極高溫（最高可達攝氏1700度，超過許多金屬的熔點）的氣流，而且其轉速又必須非常快（可達450m/s）、氣流流速非常高（某些區域可達760m/s），因此承受的力非常大（相當於十輛巴士壓在每片渦輪葉片上）。為了能夠在如此惡劣的工況下正常運轉，它們都使用單晶渦輪葉片（Single Crystal Turbine Blade）製造技術這種先進的冶金工藝技術來製造，使其在縱向上有更好的機械強度、更佳的承受高溫效果，以及就整體而言更長的使用壽命。至於承受高溫的方法，如前面所述，壓縮器的冷空氣（這裡的「冷」是相對的概念）會透過引擎內部引氣系統導通到渦輪這裡，傳遞到每個渦輪的內部（渦輪的結構是空心的）幫渦輪散熱，除此之外，

還會再從渦輪葉片表面上的非常多個細小孔洞中流出，形成一層氣膜來隔熱，保護渦輪免於直接受到高溫氣流的衝擊。

圖 4.7.5　渦輪的轉子和定子，定子也是有從根部到尖部的扭曲。 /作者攝

4.8 渦輪扇引擎

圖4.8.1　渦輪扇發動機的風扇 /JT9D（左）和CF6（右）作者攝

藉由前面的介紹，我們已經非常完整地了解渦輪噴射引擎的結構。

渦輪扇引擎，就是在渦輪噴射引擎最前方的壓縮器前面，再加一個很大的風扇，當渦輪透過中軸輸出軸功去轉動壓縮器時，也會一起帶動風扇（某些渦輪扇引擎的中軸還會透過一組減速齒輪去帶動風扇）。被帶動的風扇，靠著自身的旋轉，可以直接將

氣流加速，產生推力；其中，風扇帶動的氣流一部分進入了低壓壓縮器，也就是進入了核心機、開始熱機循環，另一部分則直接由外側通道向後方排出、產生推力，稱為旁通氣流。

　　單位時間之內，旁通氣流的質量和流入核心機氣流的質量的比值，就稱為旁通比（Bypass Ratio），這是個很重要的參數，大型客機引擎的旁通比可以高到接近10，稱為高旁通比渦扇引擎（反之，旁通比接近1或1以下的就稱為低旁通比渦扇引擎）。

　　那麼，為什麼我們要多此一舉，藉由渦輪從燃燒室噴出的氣流中取走更多能量，去供應給前面的風扇，讓風扇產生推力？渦輪噴射引擎的噴射氣流不是也能產生推力嗎？這個問題的核心在於，我們的目的是噴出質量更多的氣流，還是將氣流以更快的速度噴出，這就只是個選擇，會帶來不同效果，端看設計的需求較偏重哪些指標。

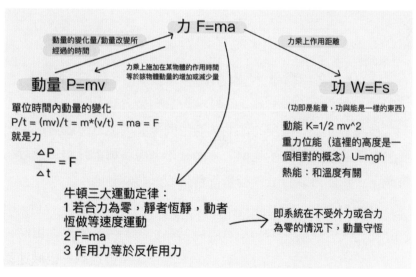

圖4.8.2　力、動量與功（能量）的關係

力，就是單位時間內動量的改變，而動量又等於質量乘上速度，所以，力可以表示成質量流率乘上速度，參照到引擎的推力公式，就可以知道「推力」等於「氣流的質量流率」乘上「氣流速度的增加量」。不過，為了以下做比較時的方便，我們只關注動量的大小就好，至於所謂的時間，都是指氣流從被吸入到被噴出所經過的時間。

$$動量：P = mv$$

$$力：F = ma = m \times \frac{\Delta v}{t} = \frac{\Delta(mv)}{t} = \frac{\Delta P}{t}$$

發動機的核心機會釋放燃油的化學能，提供能量。注意，「能量」就是「功」，它等於「力」乘上「作用距離」，能量、功、動能、重力位能、熱能這些本質上都是一樣的東西，但它們不是力。

$$功（能量）：W = Fs$$

$$功 = 動能 = 重力位能 = 熱能 = 能量$$

當我們燒了同樣多的燃油，產生同樣多的能量，就可以決定要怎麼拿這些能量去產生推力。而在不考慮各種損耗和熱逸散的情況下，我們可以將這些能量都轉化成氣體的動能：

$$動能：E_K = \frac{1}{2}mV^2$$

此時，我們手上握有的動能大小是固定的，我們有兩個選擇：第一，著重在質量，也就是吸入並噴出質量更多的空氣，但相對後面的速度平方項就會比較小，亦即發動機若想噴出質量更多的氣流，那其所噴出的氣流流速就沒辦法那麼快；第二，著重在速度平方，也就是將氣流以更快的速度噴出，但相對前面的質量那一項就會比較小，亦即發動機若想把氣流以較快的速度噴出，那它一次就沒辦法噴那麼多質量的氣流。

　　第一項和第二項的取捨是相對的，旁通比就是一個描述在二者之間相對著重程度的指標。

　　根據推力公式，推力的大小等於氣流的質量流率乘上速度，這時候我們就可以看得很清楚了——在擁有同樣多的動能的情況下，提高質量可以提高推力，但如果我們提高的是速度平方，那我們的努力必須要被開一次根號變成速度後，才能（相對於前面提高質量的情況來說）「等價地」提高推力。

　　由此可看出，對於增加推力這件事情來說，選擇著重在速度平方那一項是較不划算的。

　　不過，力（推力）是一回事，能量是另一回事。在不發生核反應的前提下，能量是守恆的，對於燒同樣多油的情況來說，提高發動機旁通比可以產生更大推力，但不會產生更大能量。低旁通比發動機產生的動能，沒有盡可能極大化地兌換成推力、給飛機提供動能，而是以『噴出噴嘴「後」』（代表已離開飛機這個參考體，對飛機無貢獻）的高速氣流的動能』的形式浪費掉了。

　　剛剛是說燒同樣多油的情況，高旁通比發動機能產生更大的推力，那反過來說，在產生推力一定的情況下，我們如果用旁通

圖4.8.3　風扇的扇葉設計是扭曲的（注意到圖中右邊的那幾片扇葉），這是因為：風扇除了面對筆直迎來的氣流（因為飛機在向前飛行）之外，還因為其自身的轉動，而與周遭空氣有一個逆轉動方向的相對氣流；然而，在同樣的轉速（RPM, Revolution Per Minute，每分鐘轉幾「圈」）之下，由於內圈圓周長較短、外圈較長，所以風扇愈外側的扇葉剖面所面對到的轉動氣流速度就愈快（反之，愈內側者愈慢），此二氣流的速度向量相加之後，就可知道扇葉各處所看到的總氣流速度向量的角度是不同的；為了讓扇葉各處所作的功相同，扇葉內側和外側設計的攻角會不同，因此看起來才會「扭曲」。/使用在B777-300ER上的GE90-115B發動機 作者攝

比較高的發動機，就可以在燒比較少油的情況下達到相同的推力，這也就是為什麼大型客機的高旁通比渦扇發動機比較省油的原因。目前常見於大型客機上的高旁通比渦扇發動機，其主要推力都是由風扇所帶動的旁通氣流來提供了。

　　相形之下，對於戰鬥機來說，噴出的氣流流速要高比較重要（因為它要超音速飛行，噴氣速度不能太慢），所以渦輪噴射引

擎，或效果與其「相對」較接近但稍微省油一點的低旁通比渦扇引擎就比較適合；此外，戰機引擎推力調控的反應要快（所以不能有那個巨大的風扇）、進氣截面積要縮小（減少超音速震波阻力）、推重比要高，這些都是低旁通比渦扇引擎的優勢。

在這裡補充一點，飛機落地時，引擎外部的構造可以將風扇的旁通氣流偏轉向斜前方，以製造反向推力、幫助飛機減速，這個裝置稱為反向推力裝置（Thrust Reversal）。

圖 4.8.4　飛機落地後引擎開啟反向推力裝置 /A350-900 作者攝

4.9 進氣道與排氣的設計

圖 4.9.1　次音速飛行的大型客機，不需像要超音速飛行的飛機一樣考慮進氣時針對超音速震波的設計和排氣時收斂─發散式噴嘴的設計，其引擎的進氣道和噴嘴設計都相對簡單。 /B777-300ER 作者攝

　　現在大型客機用的進氣道（Inlet）設計都非常簡單，因為這些飛機都不需要進行超音速飛行，進氣道不用考慮震波，於是就做一個簡單的開口稍微由小變大的圓形結構就好（Subsonic Diffuser），這樣的結構有降低一點氣流流速的效果。至於排氣（Exhaust），有的引擎會用額外的結構把尾部罩住，讓旁通氣流與核心機氣流一起排出（例如勞斯萊斯 Trent 700 引擎）。

　　進氣道的設計會對引擎進氣的氣流流速等有影響，排氣口的面積大小則會影響推力。

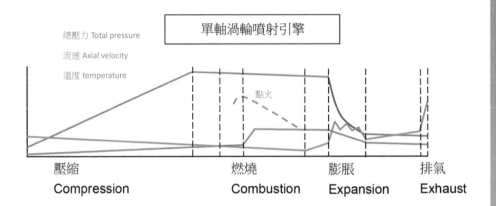

圖 4.9.2　單軸渦輪噴射引擎內部各個階段氣體總壓力、
流速和溫度的變化圖。

4.10 熱機循環的熱力學知識

　　在探討飛機引擎運作原理的最後，我們要進入到最核心的環節——熱機循環（Thermodynamic Cycle）。

　　不過，在開始之前，我們必須先具備一些熱力學的知識基礎，認識熱力學第一定律和第二定律。

　　首先，熱力學第一定律就是「能量守恆」。

　　在熱力學與流體力學的研究中，我們不會像以往在研究靜力學或動力學時用質點、物體這樣的角度來分析受力，而是把我們所要分析的某一個特定區域圈選出來，用「控制體積（Control Volume）」的方式，來分析有流體（質量）或能量從某個入口流入這個區域，也有流體或能量從某個出口流出這個區域的現象。

　　舉例來說，假設現在是一個在河邊的場景，我們不會再看著某個水分子從很遠的地方流到面前、再流離開，然後去分析那個分子的受力；相反地，我們研究的方式變成是固定看著眼前河流中的某個特定區域，不斷有水分子流入這個區域，也不斷有水分子流出，接著，我們會用「質量守恆（Continuity Equation）」「動量守恆（Navier-Stokes Equation）」「能量守恆（Energy Conservation）」這三大面向去分析水的質量流率、溫度和壓力等的變化。

而對於一個控制體積而言，流入其內的能量，和流出其外的質量應該要相等，遵守「能量守恆」，這就是熱力學第一定律。只不過，這裡說的能量包含熱量、流體的動能、產生化學反應的化學能增減、氣體膨脹作功或物質產生相變化所牽涉的能量吸收或釋放等非常多種能量，這些全部都要納入討論。

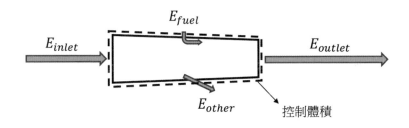

圖 4.10.1　發動機周邊能量的進出

　　以飛機引擎的例子來說，如果我們圈選的區域就剛好包住整個引擎，那麼根據熱力學第一定律，進氣時氣流流入發動機的能量，再加上燃燒燃油時產生的能量，要等於氣流被噴出時的能量，以及引擎輸出的其它機械能（如中軸帶動齒輪箱後，進一步輸出的電能、對液壓系統的作功等）。

　　再來我們要討論的，是熱力學第二定律。

　　不過在認識該定律之前，我們要先認識「熵（Entropy）」這個東西。「熵」簡單來說就是指一個系統內能量的混亂程度。

　　舉例來說，假設在一個完全絕熱的房間裡，有一塊很燙的磚塊擺在地板上，則我們可以預期，隨著時間的過去，房間的地板會變燙，房間的空氣甚至周遭的牆壁都會微微變熱，而磚塊的溫

度會下降，這個「狀態（State）」（熱力學上的專有名詞）應該會發生，相反的情況，即磚塊反而變得更燙，地板變得更冷，房內空氣和牆壁的溫度微微下降，這個「狀態」應該不會發生，然而，熱力學第一定律卻沒辦法對此作出解釋，或對接下來「哪種狀態比較有可能發生」作出預期，因為它們都是遵守能量守恆的。

這個時候，我們會說，控制體積內「熵」只有可能維持是零，或是增加，不可能減少。亦即，系統內能量分布的混亂程度只有可能維持或增加，不可能自發性地（在沒有外來因素幫助下）減少，房間內的能量分布只有可能更加混亂（熱能會相對較均勻地散布於磚塊、地板、空氣和牆壁中）。

為什麼會這樣？為什麼整個系統內能量的分布只會自發性地愈來愈亂，不會自發性地愈來愈整齊？我們可以這麼理解：對於一個擺放非常多本英文書的書櫃來說，如果一開始它們的擺放方式是依照書名開頭字母 A 到 Z 整齊擺放的，現在開始，我每天隨意抽出幾本來讀，讀完後再隨意找個空隙插回去，日復一日這樣下去，半年之後，書櫃的書應該會變得凌亂排列，幾乎不可能還是照著書名 A-Z 的整齊排列方式。這是因為，在書櫃中，書本的排列方式有很多種，照著書名 A-Z 整齊排列的擺放方式只有一種，但隨意排列的方式卻還有非常多種，所以從統計與機率的角度來看，過了一段時間之後，書的排列方式應該會愈來愈亂；換個角度說，如果書本來就是亂排的，那它們就會繼續呈這樣不規則的樣態繼續亂下去，不會我哪天把書放回去時，發現它們竟然自己變整齊了，天底下沒那麼巧的事。

現在，回到剛剛房間與燙磚塊的例子，整個房間能量分布的「狀態」，就相當於是書櫃中書本的「排列方式」，磚頭燙、地板和房間常溫的「狀態」，就相當於是書櫃中書本「照書名A-Z的排列方式」，由此可知，從排列組合的角度來說，系統內能量整齊分布的情況只有少少幾種組合，但能量凌亂分布的情況卻有非常非常多種組合，很明顯地，後者是有較高機率出現的，不太可能自發性地變整齊。

　　熱力學第二定律，就是在說熵只增不減，更嚴謹完整的敘述是：系統的反應不可能是以減少熵的方式來進行。注意，熵就好像我們國中學過的重力位能，是個相對的量，不是個絕對的量，沒有哪個系統的能量狀態有絕對的熵值，熵是一種「變化量」的概念。

4.11 作功的過程與熵的產生

圖 4.11.1　小球在具有摩擦力的軌道上滾動

　　系統作功的過程中，如果能夠減少熵的產生，就能減少能量的逸散浪費，這個觀念對引擎的運作是相當重要的。假設有一顆小球，從半圓形（U型）的軌道上，從左端最高處釋放，則它的重力位能會使其下滑到最低點，並在最低點只剩動能，然而不幸的是，由於現實世界中的軌道一定存在摩擦力，所以在其下滑的過程中，摩擦力會作負功 W，造成一部分的能量損耗，並且最後因為摩擦產熱的關係，這個能量會以熱能的形式逸散於環境之中，也就是說，實際上 U-W，也就是重力位能扣掉摩擦力作功帶走的能量，才會兌換成動能。而這個重力位能轉換成動能（也就是重力對小球作功使其加速）的過程中，摩擦力作功所帶走能量這件事，就可以視作是熵的產生，因為能量不再完整、整齊地保存於小球的重力位能或者動能中，而是以摩擦力作功的形式逸散到環境周遭。

小球在軌道最低處由於有動能，所以還會往上衝到右端的最高點，不過同樣地，軌道的摩擦力也是會在這個過程中帶走一部分能量。如此一來一往地不斷下去，小球每次在跑的時候都會被摩擦力作的負功剝削一次，久而久之，能量的損耗就愈積愈多，滾動最高點的高度就愈來愈低了。

　　此時，如果我們用更光滑的表面作軌道，就能減低摩擦力，使得重力在作功的過程中產生的熵更少了（如果軌道表面完全光滑、毫無摩擦，那在整個過程中就不會有熵的產生，熵的增加量等於零，雖然這種理想情況在現實世界中是不存在的），能夠提升整體系統的效率。這也是飛機引擎設計的重點：在引擎中，熱的傳導逸散、不受控的氣體膨脹（至低壓區）、氣流的摩擦等，都會導致熵的產生，我們要讓引擎內不管是氣體還是什麼部件，它們在作功時儘量減少熵的產生，才能提升整體的能量利用效率。

4.12 布雷頓循環

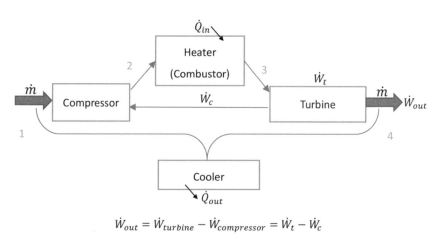

$$\dot{W}_{out} = \dot{W}_{turbine} - \dot{W}_{compressor} = \dot{W}_t - \dot{W}_c$$

圖4.12.1　發動機能量的進出率 / 用在 F-104 上的 J-79 發動機　作者攝

渦輪引擎的熱機循環流程，就稱為布雷頓循環（Brayton Cycle）。在表示的方法上，我們會畫兩張圖來表示，分別是P-V圖（壓力—體積圖）和T-S圖（溫度—熵圖），而這兩張圖都是在描述布雷頓循環的整個過程，只是鎖定不同的參數去看而已。壓力乘上體積，就會等於功，也就是能量；溫度乘上熵，就會得到熱量，也是一種能量，所以P-V圖和T-S圖都是用來表示整個布雷頓循環過程中，能量變化的圖。

$$壓力 \times 體積 = \frac{力}{面積} \times 長度^3 = \frac{力}{長度^2} \times 長度^3 = 力 \times 長度 = 功（能量）$$

熵從狀態1到狀態2的變化量的定義：$S_2 - S_1 = \Delta S = \int_1^2 \frac{\delta Q}{T}$

所以，溫度 × 熵=熱量（能量）

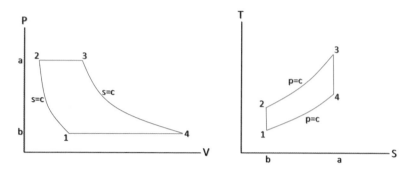

圖4.12.2　布雷頓循環的P-V圖（壓力與體積的關係）與T-S圖（溫度與熵的關係）

　　現在，我們可以開始來探討布雷頓循環的整個過程。

　　第一個步驟就是「吸入冷空氣，等熵壓縮」：渦輪引擎的壓縮器會將吸入的冷空氣進行壓縮，這對應到兩張圖的1-2過程，在P-V圖中可以看到，這個階段壓力會急遽增加，體積大幅減少；在T-S圖中則看到氣體的溫度略微增加，熵則保持不變（理想化的假設）。整個過程由於我們假設進行得非常理想，使熵沒有任何增加，因此稱為等熵（Isentropic）壓縮。

　　第二個步驟是「燃燒油氣，等壓加熱」：此時，已經混合了的高壓氣體與燃油被燃燒，我們用「加入熱能」來簡化燃油被燃燒時的複雜化學現象，這對應到兩張圖的2-3過程，在P-V圖中可以看到，燃油與氣體被燃燒後體積迅速膨脹，壓力則約略看成不變；在T-S圖中則可看到溫度明顯上升，而由於燃燒的關係，熵也會上升，整個過程可視為等壓加熱。

　　第三個步驟是「氣體膨脹、向後暴衝、推動渦輪，等熵膨脹」，這對應到兩張圖的3-4過程，在P-V圖中可以看到，氣壓

大幅下降、體積上升，在這個階段流速會變快，並帶動渦輪；在T-S圖中溫度下降的同時熵保持不變（理想化的假設），整個過程視為等熵膨脹。

最後，第四個步驟是「噴出剩餘氣體（氣體含有很大的動能，形成推力）並吸入新空氣，等壓排出熱量」，這對應到兩張圖的4-1過程，氣壓相等、體積減少，溫度下降、熵也減少。這裡指的熵減少不是真的有一團氣體的熵減少（違反熱力學第二定律），而是指在控制體積的思考模式下，因為引擎把燃燒完的氣流噴出，並且吸入的是新的低壓冷空氣，所以如果只看控制體積「內」的空氣，熵的確是變少了，整個過程可視為等壓排出熱量。

當引擎抵達第四個步驟後，我們可以看到狀態4經大氣的冷卻而回到狀態1，也就是說大氣狀態又回到原本的起點、最初的狀態1，此時，又可以開始進行下一個新的循環，不斷周而復始地進行下去。

由於前面已經講過$P \times V$和$T \times S$代表的意義都是能量，所以在P-V圖和T-S圖中，引擎藉由1-2-3-4這整個熱力學狀態改變的過程所圍出來的那個面積，就代表能量，也就是說，引擎在布雷頓循環圖上所圍的面積，就是「每單位質量氣流所輸出的能量」。

同理，從橫軸上升到圖形底部4-1那條線再下降回橫軸所圍的面積，就是逸散掉的能量，所以，引擎所圍的1-2-3-4的面積，再除上從橫軸上升到2-3那條線再下降回橫軸的面積，就代表「引擎輸出的能量／總能量」，也就是引擎的「效率」。

4.13 影響引擎性能表現的 關鍵指標

　　從以上的布雷頓循環圖可看出，如果我們設計的引擎能夠抬高 2-3 那條線，那一方面可以圍出更大的面積，也就是輸出更多能量，二方面可以提高引擎的效率。雖然以上的布雷頓循環圖畫的是渦輪噴射發動機，並非高旁通比渦扇發動機，但我們一樣可以得出重要結論：影響引擎性能的兩項關鍵指標，第一是壓縮比，壓縮比愈高愈好（提高 P-V 圖中 2-3 那條線），第二是最高溫度，也就是渦輪入口溫度，這個溫度愈高愈好（提高 T-S 圖中 2-3 那條線）。

　　實務上，前者提高的程度受壓縮器性能的限制，後者提高的程度受渦輪最高耐熱溫度所限制，但日新月異的引擎技術，就是會在這兩個方面持續有所突破（其實這兩者的提升彼此之間也是有關連的）。

　　對於高旁通比渦扇引擎來說，除了壓縮比、渦輪入口溫度，旁通比是一項重要設計參數。在布雷頓循環中，兩個圖 1-2-3-4 所圍的面積是單位質量氣體所輸出的「能量」，不是「力」，所以透過旁通比的適切選擇，能讓引擎獲得設計師所想要的推力。

4.14 引擎的噪音控制

　　對民用大型客機來說，發動機的噪音控制也是一個重點，飛機的噪音來源除了少部分是由於機身上凸起物（會導致紊流氣流，進而造成的噪音增加）之外，主要就是由發動機內部的劇烈轉動件、燃燒室的爆炸和相關部件的震動所產生。發動機短艙（Nacelle）可隔絕和吸收部分噪音，使機場周邊地區的噪音減少，氣密的機身和內外雙層設計的窗戶則能降低客艙內的噪音。

4.15　引擎性能總結

圖 4.15.1　**使用三軸設計的勞斯萊斯 Trent 700 發動機 /A330-200 作者攝**

引擎藉由燃燒航空燃油，為飛機提供推力，也為機上許多系統提供能量，是整架飛機的能量來源。除了能量的產生、推力的大小之外，它的效率、油耗也都是重要的性能指標。尤其油耗對大型客機的發動機來說至關重要，它的衡量方式是「每單位推力每單位時間所消耗的燃油重量（Thrust Specific Fuel Consumption, TSFC）」。

一台好的引擎，就是要能持續、穩定地工作。在不同的飛行姿態（不同的進氣條件）、飛行高度（不同空氣密度）、飛行速度、引擎轉速，甚至在各種條件快速變化時，都要能夠可靠地運轉、穩定地工作，為飛機提供推力，更要在長期的使用下，有較高的使用壽命、較低的維修保養負擔。

推力、油耗這些帳面上的主要表現指標固然重要，但除了那些之外，唯有在時間與各種操作條件變化的考驗中都能穩定可靠地持續運轉，才算是為飛機的動力來源提供了強大的後盾，也才算是一項成功的工業產品。

機型	發動機可選擇種類
A330-300	General Electric GE CF6-80E1, Rolls-Royce Trent 772B/C-60, Pratt & Whitney PW4168
B787-9	General Electric GEnx-1B74/75, Rolls-Royce Trent 1000 TEN
A350-900	Rolls-Royce Trent XWB-84
B777-300ER	General Electric GE90-115B

發動機	推力	油耗	旁通比	壓縮比	渦輪前溫度
CF6	293-310kN	9.4-9.8g/kN/s	5-5.1	32.4-34.8	未知
GEnX	330kN	未知	9.1	46.3-55.4	未知
Trent XWB	375kN	未知	9.6	50	未知
GE90	492.7-513.9kN	未知	9	42	未知

（註：CF6油耗換成英制為0.332-0.345 lb/lbf/h）
（補充：1磅約等於0.453公斤，1公斤約等於2.2046磅）
（註：GEnX起飛時46.3，最高高度巡航時55.4）

發動機	風扇（皆1級）直徑	壓縮器級數	燃燒室	渦輪級數	中軸數	重量
CF6	2.44m	低壓4 高壓14	環狀	高壓2 低壓5	2	5092kg
GEnX	2.82m	低壓4 高壓10		高壓2 低壓7	2	6147kg
Trent XWB	3m	中壓8 高壓6		1高壓 2中壓 6低壓	3	7277kg
GE90	3.3m	低壓4 高壓9		高壓2 低壓6	2	8762kg

表：四型廣體客機的發動機性能與構造

飛機的結構要以足夠堅固為絕對
的首要考量，輕量化是其次。
/A350-900 作者攝

第 5 章

機體結構

5.1　結構設計的重要性

　　到這裡，我們已經介紹完飛機所受的升力、阻力和推力，至於飛機的重力，雖然在固定高度與緯度的情況下，它很簡單地只跟飛機的質量有關，但卻有個因素會影響飛機的質量，進而影響它的重量大小，即結構設計。

　　飛機能藉由有效率的結構件布置，與在強度足夠的前提下盡量輕盈的材料，來減低飛機的重量。更輕的重量，能夠讓飛機在飛行時，不需要產生那麼大的升力就能維持飛行，這也意味著不用產生那麼大的誘導阻力，既然阻力可以小一些，那引擎提供的推力也不必那麼大，使得引擎的耗油率能夠變低，這也就是為什麼更輕的飛機重量能夠讓飛機省油的原因。

　　儘管降低結構重量所帶來的好處不斷被各界所強調，但這樣的說法並不夠完整，認知過於狹隘，甚至可以說有點捨本逐末。

　　結構設計最重要的使命，乃是賦予飛機的機體有足夠的結構強度，使其能承受在各種飛行條件下施加於其上的升力、阻力、推力、重力這些分布力，以及它們所造成的各種力矩，得以在預定的飛行條件下安全的操作，而不致於空中解體、機毀人亡。除此之外，還要有足夠的安全裕度和使用壽命。

　　因此，飛機的結構設計是非常嚴肅的議題。任何結構上的設計、材料上的選用，都是要以保證機體有足夠的結構強度為大前

提，剩下關於結構與材料的減重、材料的抗腐蝕性、易於加工性、易於保養性、造價等，都是後面的事了。

　　在分析飛機各部位於飛行時的結構受力，並探討其相對的結構件布置之前，我們要先對常見的力與力矩有一些基本的認識。

5.2 常見的力與力矩

圖 5.2.1　桿件承受拉力、壓力和剪力

　　想像一根細長的物體，我們將它稱為「桿件」。

　　當這個桿件的兩端受到將其向內擠壓的力時，我們就將這個力稱為壓力（Compressive Force）；當它受到的是將其兩端向外拉伸的力時，我們稱該力為拉力（Tensile Force）；最後，當它受到的力是平行於作用面方向的力時，我們就將那個力稱為剪力（Shear Force）。

　　在彈簧變形的例子中，彈簧所受的外力 F，等於該彈簧的彈性係數 k 乘以它的變形量 Δx：

$$F = k\Delta x$$

　　現在，我們定義「作用在單位面積上的力」稱為「應力（Stress，代號 sigma）」；一個物體受力以後，它的「變形量除

以原長度」稱為「應變（Strain，代號epsilon）」。在小於0.2%的微小應變中，應力與應變的關係大致會呈簡單的線性關係，也就是呈正比，所以我們可以得到應力與應變的關係式：

$$\sigma = E\epsilon$$

其中，$\sigma = \dfrac{P}{A}$（應力 $= \dfrac{力}{作用面積}$），$\epsilon = \dfrac{\delta}{L}$（應變 $= \dfrac{變形量}{原長度}$）

E稱為陽氏模量（Young's modulus），為應力和應變的比值，是個常數，它的值隨不同材料而變化。

對於能夠產生彈性變形（Elastic Deformation）的物體，在應變小於0.2%的情況下，應力與應變大致呈線性關係，描述這個現象的定律，我們就稱為是虎克定律（Hooke's law）。而拉應力定義為正向，壓應力定義為負向。由於拉力和壓力都是作用於桿件的軸線上，所以我們將它們稱為「軸向力」。

此外，對於剪應力與剪應變的關係式：

$$\tau = G\gamma$$

其中，$\tau = \dfrac{V}{A}$（剪應力 $= \dfrac{剪力}{作用面積}$），γ 為剪應變，G為剪切模量

上式又稱為剪應力與剪應變的虎克定律。

對於一種材料，如果它相對較不易變形，比較接近剛性物體，那我們就稱它為脆性（Brittle）材料，如陶瓷、玻璃；如果

它相對較容易變形，延展性較好，那我們就稱它為韌性（Ductile）材料，如鋁。

對於受拉應力的韌性材料，在應力較小時，它產生的應變在應力消除後也會消失（即拉力釋放後物體會回復原狀），這個階段稱為彈性變形；當拉應力超過某個臨界值時，材料會產生永久變形，也就是說，即使應力消失，應變也會持續存在，這個階段稱為塑性變形（Plastic Deformation）。如果應力繼續增大，不同材料會經歷不同的發展過程，直到最後斷裂。

對於受壓應力的細長桿件，它也會經歷彈性變形和塑性變形的階段，但與前者不同的是，當作用力超過某個臨界負載之後，桿件（這裡指細長桿件）的彎曲就會到達一個不可接受的程度，導致結構愈來愈不穩定，最後發生挫曲（Buckling）、結構毀壞。對於受壓力的粗短物體，它不會發生挫曲，其最後毀壞的模式是被壓碎。

承受壓應力的桿件，我們有時稱為「柱（Column）」，有時稱為「支柱（Strut）」，視桿件本身外型、所受的負載情況和應用場合而定。

一個桿件除了可能會受到力之外，也可能會受到力矩。

當一個桿件受到的力矩是將它像擰毛巾一樣從兩端「扭」轉它時，那樣的力矩就稱為扭矩（Torsion），承受扭矩的桿件稱為「軸（Shaft）」；如果它受到的力矩是從兩側將其「彎」曲時，就稱為彎矩（Bending Moment）。

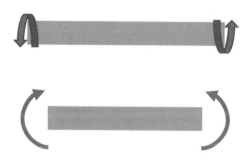

圖5.2.2　**桿件承受扭矩和彎矩**

　　如果一個桿件受到扭矩，它在截面上會產生角度的變形；如果一個桿件受到彎矩，則彎矩導致桿件的微小彎曲，會使桿件被蜷縮起來的那一側產生壓應力，被伸張起來的那一側產生拉應力，其中，應力分別在最上層最下層達到最大，並在桿件內某個層面（稱為中性軸）處是零，除此之外，由於壓應力和拉應力在各層之間造成的應變不同，桿件各層之間還會出現剪應力。

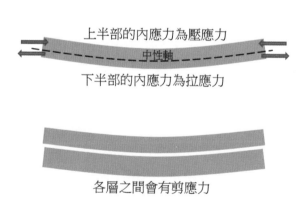

圖5.2.3　**承受彎矩的桿件**

最後，當一個桿件受到的力的方向垂直於它的軸線，我們就說它受到了側向力，受到側向力的桿件就稱為樑（Beam）。側向力會使樑的「內部」在其施力方向上產生剪力，這個剪力大小會隨樑的不同位置而有所變化，此外，剪力的施力方向，相對於那個桿件原本軸的方向的不同位置，還會形成不同大小的力矩，也就是彎矩。

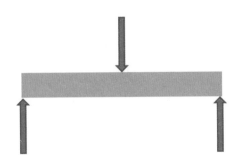

圖5.2.4　　**承受側向力的樑**

以下討論的應變都是0.2％以下的微小變形，且都在線性、彈性變形區。如此小的應變乍看之下沒什麼，但對通常很堅硬的材料能夠造成如此程度應變的應力，都絕對不小，是很重要的。

側向力與剪力圖、彎矩圖的例子

1 左邊以三個藍色箭頭來簡單代表等大小的分布力。黑色的三角形和黑色的圓形都是支點,只是三角形代表這個支點是在上下方向和左右方向都是固定的,圓形支點代表上下方向是固定的,但左右方向卻有可能滑動。	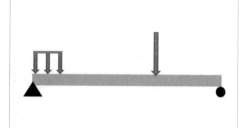
2 V代表剪應力,也就是橘色的樑內部所承受的剪應力。	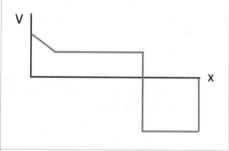
3 M代表彎矩,也就是樑的各處相對於其最左端所承受的內部力矩大小。	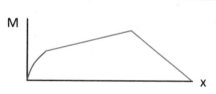

5.3 飛機的結構概觀

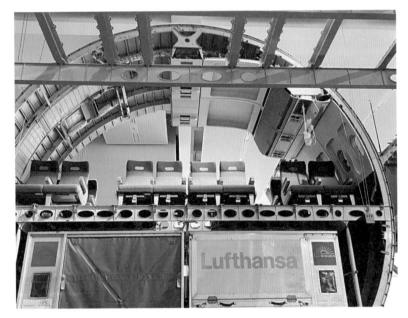

圖5.3.1 **機身結構,可在圓形截面上看到一圈一圈的框架、呈前後縱向排列的桁條,以及最外側的蒙皮。** /A300機身截面 Photo:洪翌瑄

　　飛機的結構可大致分為機身(Fuselage)、機翼(Wing)、尾翼組(Empennage)與起落架(Landing Gear)。

　　構成機身的主要結構有框架(Frame)、桁條(Stringer)和蒙皮(Skin)。框架又稱為肋,它的概念有點類似船由船艏到船尾用數個隔艙(Bulkhead)來區分出很多艙室,只是飛機上的框架是只有一個外框,不像隔艙是整面牆可達到水密或氣密的構

造，飛機只有在最後面機尾處的壓力艙壁，才可以稱作是隔艙；桁條又稱縱樑、縱向加強條，它有很多條，每一條都從機首延伸到機尾，如果和船的結構比較的話，船隻最底部有根最粗的縱樑，就稱為龍骨，所以機身的桁條就是類似龍骨的構造，只是沒那麼粗，而且有很多條分布在整個機身圓形截面上。至於蒙皮，它就是鋪在最外層的表皮。整個機身，就類似於箱型樑的結構。

圖 5.3.2　F-104 機翼，可看到翼樑、翼肋和蒙皮。也可以觀察到機翼的翼剖面、展弦比和漸縮比都會對它的結構強度產生影響。從這張圖片也可以注意到，F-104 這類超音速飛機的翼剖面，相對來說厚度都是很薄的。／作者攝

　　機翼的結構組成和機身基本上一樣，只是具體形狀有所不同，而且換了名字。

　　機翼由肋（Rib）、翼樑（Spar）和其它桁條、蒙皮組成。機翼的肋是翼剖面的形狀，一個一個從翼根到翼尖沿翼展方向排列，相當於機身的框架；翼樑就是機翼最粗、承受力最多的桁

條，除了翼樑之外，機翼內部還有其它桁條，這部分與機身的桁條對應。最後，蒙皮也一樣是舖在最外層的表皮。尾翼組的構造與機翼基本上相同，只是縮小許多。整個機翼與整個尾翼組，就類似於薄壁樑的結構。

至於起落架，它要在飛機落地的瞬間吸收衝擊力，並且當飛機在地面上滑行時要支撐飛機的重量，它類似於支柱的結構。

5.4 機身的結構與受力

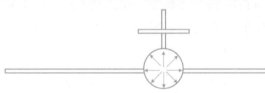

圖 5.4.1　**機身為了抵抗機艙內外的氣壓差，都設計成圓柱形。**
/A330-300 作者攝

　　飛機在高空飛行時，外部的大氣氣壓是很低的，會讓人陷入昏迷，所以，機身的駕駛艙和客艙內必須有加壓系統，讓機身內部環境維持在接近地表處的較高氣壓。如此一來，就會使得機身內部的高氣壓和機身外部的低氣壓讓機身有被膨脹向外撐起的傾向（類似潛水艇，但受力方向相反）。

　　在這樣的情況下，如果機身的截面設計成正方形的，那麼，在正方形的四個角，就會發生應力集中（Stress Concentration）。所謂的應力集中，是指當一個物體受力時，在幾何形狀突然改變

處的應力會比其它地方大很多。

　　應力集中的現象，會使正方形截面的四個角的應力特別大，設計師就必須要用更多的材料對那些地方的結構進行加強，造成額外的造價與重量；反之，如果將機身的截面設計成圓形的，那機身各處的受力就會很均勻，設計師就可以平均地將材料用於各處，使各處的結構強度都得到均勻的加強，並且加強到某個程度就足夠了，不會有哪些地方需要用特別多的材料去加強它，整體而言，這樣的設計能最小化材料的使用量（如框架的厚度就可以最小化）、達到最高的結構效率，使得飛機機身的重量最輕，這就會為什麼大型客機的機身都設計成圓柱形（Cylinder）。

圖 5.4.2　從側向看機身，可以觀察到它必須承受機翼、水平尾翼給它的力，以及本身分部在前後各處的重力，是個必須承受側向力的結構件。/B747-400F 作者攝

　　如果從側面看一架飛機，則它的機身也可看成是樑的構造：機翼會在機身中段施加升力，造成側向力，機身本身各處也分布著重量，比如機首有鼻輪的重量、機尾有尾翼組的重量，水平尾翼大多數時候還會向下施力，以上這些都會對機身造成側向力，這些力都要由機身的數個桁條來承擔。

此外，作用於機首的阻力，和發動機提供的推力（藉由機翼傳遞到機身上），也會對前段機身造成壓力，相反地，發動機推力和作用於尾翼組的阻力，就會對後段機身造成拉力。

最後，如果從正前方看飛機，則我們可以觀察到在機身和機翼接合處，由於機翼產生的升力會在那個接合處垂直托起機身、支撐機身的重力，因此，在接合處會產生剪應力，因此那裡的構造都會特別加強。在接合處產生的剪應力接著會由機身的圓形截面構造（也就是框架）承擔，這時框架的厚度就會影響它所能承受剪力的大小。

現在的飛機，主要承力構件都是框架與桁條，而不是蒙皮。以前的飛機，例如二戰時的螺旋槳飛機，它們的機身蒙皮是主承力構件、框架和桁條只是輔助的角色，那樣的構造叫做硬殼式（Monocoque）結構；現在的大型客機這種框架和桁條擔任主承力構件、蒙皮當輔助的結構布局，就稱為半硬殼式（Semi-monocoque）結構。

蒙皮除了做出飛機的氣動力外型，還要承擔摩擦阻力所帶來的剪力、分擔客艙內的高壓所造成的力和機翼翼升力造成的剪力，除此之外還要抗腐蝕。

在設計上，框架的外型、面積、縱向厚度、排列間隙、整體數量、隨著機尾如何漸縮，桁條的粗細、數量、安裝位置，以及蒙皮的曲面形狀、厚度等，都需要經過仔細安排，方能達到最高的結構效率。

5.5 機翼與尾翼組的結構與受力

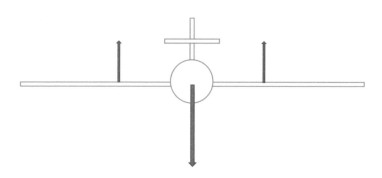

圖5.5.1　**機身與機翼受力圖，在這種情況下，連接處會承受剪力。**

機翼是典型的樑的構造。

　　機翼在飛機飛行時，必須承受升力，而升力是一種分布力，它的大小會在機翼上不同的位置而有所不同。從飛機正前方看，機翼在與機身連接處必須負擔機身向下的重力，接著往外側一點的機翼靠近翼根的內側位置是升力主要作用的區域，再往外側是承受著發動機重量的掛架，接著往外到翼尖就是升力的大小量值不斷遞減的區域。從這個角度看，機翼就是個樑，承受著機身重力、升力、發動機重力等側向力，在飛機飛行時，受到升力的機翼會被向上彎折，而在這樣的情況下，機翼上表面（和中性軸以上的機翼內部）會產生壓應力、機翼下表面（和中性軸以下的機翼內部）會產生拉應力。而在機翼翼根與機身接合處，機身向下的重力與機翼要用來「托」起機身的升力，會在該處相對產生剪

力（並接著將負載轉移到機身的圓形框架結構上），而這個剪力通常都不小，因此，那裡的結構通常是要特別加強的。

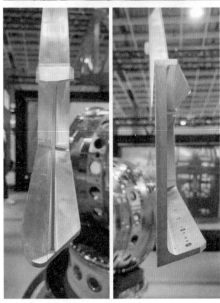

圖5.5.2　777X翼勒的一部分，上圖後方為翼前緣翼勒。不同的地方受力不同、翼肋厚度也不同。／作者攝

圖 5.5.3　機翼受到升力後，被向上彎折。/B787-8 作者攝

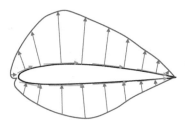

藍色為壓力分布，橘色為剪力；
箭頭長度僅供參考

圖 5.5.4　接近零攻角時的機翼壓力分部

　　為了應對這樣的力與力矩，機翼內部就需要翼樑，以及數個桁條來做支撐。其中，如果我們從側面看機翼，就會發現升力主要集中在翼剖面的前 1 ／ 4 弦長處，因此，在該處的桁條就會被做得特別粗大，以應對較大的應力，當作主承力構件。那根特別粗、最主要的桁樑就特別把它叫做翼樑。

　　承上，呈連續分布的升力（參考上方的圖 5.5.4 和第一章第五節的圖 1.5.1）會給機翼帶來側向力，而且氣流在機翼上下表面還會造成剪力，所以我們需要從翼根到翼尖沿翼展方向擺很多肋（也就是長成翼剖面形狀的框架）來承受這些負載，讓機翼的

剖面仍然維持住原先設計的翼剖面的形狀，不會因為那些力與力矩而產生太大的變形，導致空氣動力學的特性改變。

　　最後，在吊掛發動機的機翼掛架上，掛架（又稱為派龍架，Pylon）必須承受發動機的重量，並將該負載轉移到機翼上；此外，發動機會產生強大推力，這個推力也是藉由掛架以剪力的形式傳遞到機翼上，再藉由機翼以剪力的形式傳遞到機身，可以說，如果我們把飛機的各部件拆成不同參考體來看的話，發動機會藉由掛架「拖」著機翼前進，機翼會再藉由其與機身連接處「拖」著機身前進。

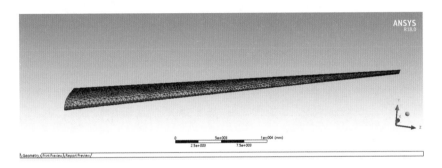

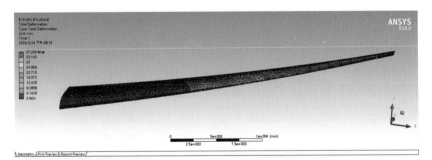

圖 5.5.5　機翼在不受力變形前（上圖）與受升力變形後（下圖）的比較，下圖中顏色愈偏紅色代表變形量愈大，且其為了容易觀察，表示的較為誇大，但左側色軸的單位僅為毫米。/Ansys Static Structural 結構受力模擬：作者

機翼的具體形狀會影響到它的結構承擔負載的能力，比如翼剖面形狀、展弦比、漸縮比這些外型幾何參數，都會對其抵抗力和力矩的能力有所影響。

　　從飛機的正前方看，展弦比愈高的機翼，就相當於愈細長的樑（愈容易被折彎），抗彎矩的效果也愈差；而機翼的翼剖面就幾乎決定了翼肋的基本形狀，它的漸縮比則決定了翼肋由翼根往翼尖漸縮的程度。

　　不同的展弦比會影響到機翼翼樑和桁條的大小、數量、排列方式；不同的翼剖面形狀和漸縮比則會影響到翼肋的外型、厚度、數量等。機翼的蒙皮必須承受氣流流過機翼時所帶來的剪力，機翼被向上折彎後在上表面產生的壓應力與在下表面產生的拉應力，以及維持住機翼的氣動力外型。

　　大多數飛機還會在機翼內放置油箱，這樣的設計除了有效利用機內空間裝載燃油之外，還能將一部分的重量由機身轉移到機翼，減輕機身與機翼連結處的負擔。

　　基本上，機翼的外型或飛機的外型，還是以空氣動力學的表現為主要設計考量，不過，設計是一種綜合表現最佳化的妥協，所以結構上的顧慮也是要一定程度上考慮進去的；另外，幾乎所有的物體受力後，或多或少都會產生變形，飛機也不例外，當機翼或飛機其它部位因為各種力（主要是升力與阻力）或力矩而產生或大或小的變形時，就相當於改變了它的的氣動外型，而改變了的氣動外型又會再進一步回來影響空氣動力施加於其上的力與力矩……，這個情況會如此循環下去直到抵達某一個平衡點，飛機在設計時，也要將這樣的情況考慮進去。

水平尾翼和垂直尾翼的受力情況和結構特徵和機翼非常相似，不再贅述。

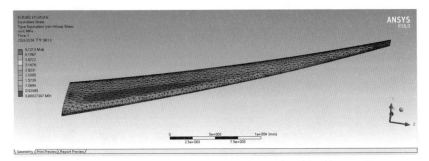

圖5.5.6　機翼所受到的應力圖。可以觀察到應力最大的紅色區域在機翼內側，且在機翼的前半部，這是因為機翼藉由氣動扭曲的設計（機翼內側翼剖面弧量較大、厚度較厚，且安裝攻角較大，愈往翼尖處的翼剖面弧量、厚度、安裝攻角都愈小），其內側產生的升力較多，又，由於翼剖面的壓力中心通常在較前面的位置，所以整個機翼產生升力最大的地方就在內側機翼的靠前處，理所當然地，最大的應力也會產生在那裡，也就是圖中的紅色區域。　/Ansys Static Structural 結構受力模擬：作者

圖5.5.7　垂直尾翼和水平尾翼的構造和機翼類似，只是尾翼不像機翼是用來產生升力，而是用來產生控制力（進而製造控制或平衡力矩）的，所以它們不用承受那麼大的空氣動力，在結構設計時也不用像主翼那麼堅固厚實、粗壯。　/B720 作者攝

5.6 起落架的結構與受力

圖 5.6.1　主起落架和前起落架 /B777-300ER(上)，A350-900(下) 作者提供

起落架必須在飛機觸地面的那一瞬間吸收衝擊力。儘管起落架內部有一些使用帕斯卡原理降低衝擊力的緩衝器和輪胎的緩衝，它本身還是要承受很強的壓應力，是個類似於支柱的構造。

　　起落架分為主起落架和前起落架。現在的飛機一般都採用前三點式起落架設計，包含一個在機身前方的前起落架，和兩個在機身中段、機翼下方的主起落架，其中，飛機降落時的衝擊力主要由主起落架承擔。前起落架的鼻輪主要負責控制飛機在地面上滑行時的方向，主起落架的主輪則承受飛機絕大部分的重量。

　　由於起落架是類似於支柱的構造，所以我們可以知道，在使用相同材料的情況下，將起落架做得愈粗短，其承受壓應力的效果愈好；反之，將它做得愈細長，其承受壓應力的效果就會愈差。

圖 5.6.2　B747-400輪胎。為安全性的考量，機輪胎填充的多為惰性氣體，如氮氣。／作者攝

起落架的輪胎、煞車皮會影響飛機在滑跑時的效果，比如下雨天積水的跑道，其摩擦係數較低，在這樣的情況下，輪胎和跑道之間還是要有足夠的摩擦力，才能將飛機順利地減速，避免打滑情況的發生。除此之外，儘管前面提過飛機煞車的方式有機翼上表面的擾流板和完全放下的襟翼、發動機的反向推力裝置，那些都仍只是輔助，最重要的角色還是機輪的煞車機構藉由煞車皮來煞車。起落架的輪胎和煞車皮都是消耗品，需要在一定的降落次數後更換，才能確保飛機落地時的安全。

　　起落架和前面介紹的飛機各部件結構有一點很重要的不同，就是它是個飛機一旦起飛之後就不會再使用、不會再發揮任何功能的部件。當飛機起飛之後，起落架就變成對飛行毫無貢獻的呆重，所以一方面它需要足夠堅固才能保證飛機起降時的安全，二方面它又是重量可以愈小愈好的物體，這導致它在設計上有一定的挑戰性。

　　關於起落架的最後一個重要課題，就是它收起和放下的方式。正常情況下，起落架和機翼的高升力裝置、各種舵面一樣，都是透過液壓裝置收起和放下，不過，倘若飛機準備落地時，起落架無法正常放下，那將對飛機落地時的安全造成極大威脅，因此，起落架通常設計成即使液壓系統故障，它仍然可以靠自身重量放下。

5.7 材料的選用

　　在結構件的布置與安排確定了以後，我們可以利用靜力學與材料力學的知識，藉由靜力平衡來算出每個結構件要承受多大的應力或力矩，這能讓我們進一步知道要使用怎樣的材料，方能得到足夠的結構強度。飛機上不同的地方承受的負載情形也不同，某些承受應力較大的地方就要使用比較堅固的材料，其它不是受力重點的地方就相對沒有太大的要求。

　　材料的機械性質和它的微觀結構有關，比如原子排列方式、晶格的排列方式，與是否存在一些微小的缺陷有關（如原子的差排、空隙等）。材料的選用除了機械強度之外，還牽涉到許多考量，包含抗鏽抗腐蝕能力、加工成某種特定形狀的難易度、成本等。

　　此外，溫度也是一個考量點，物體的熱脹冷縮會造成其內部的熱應力，或者在溫度無太大變化的情況下，飛機的某些部件可能要在高溫之下承受應力，這就要研究各種材料在高溫時的機械性能。材料的機械性能和溫度有關，某些材料在高溫的情況下，機械強度就會急遽下降。

圖5.7.1　以不同角度交錯堆疊的碳纖維複合材料，以及鋁合金和碳纖維的表面。／作者攝

　　飛機上常見的材料包括：鋁合金、鈦合金、鋼、碳纖維、玻璃纖維或其它複合材料。而鋁合金又細分成非常多種，比較有名的像是較耐疲勞的鋁／銅／鎂合金（杜拉鋁，Duralumin，編號2000系列），以及用在受壓應力區域為主的鋁／鋅／鎂合金（編號7000系列）。

　　以前的飛機主要都是使用鋁合金（Aluminum alloy）為主，現在比較新的飛機使用碳纖維（Carbon Fiber）和各種複合材料（Composite Material）的比例愈來愈大。鈦合金價格較貴（鋁的

20倍）且不易加工，鋼則是有足夠的強度但重量較重，所以這兩種材料基本上只用在某些特別適合它們、其它材料都難以替代的地方。

　　在飛機常用到的材料中，金屬材料和大部分複合材料最大的差異就在於：金屬是等向性材料（Isotropic Material），複合材料大部分是非等向性材料（Anisotropic Material）。所謂非等向性材料就是它由於細部構造上分子排列的關係，在不同的受力方向上有不同的機械強度。

　　複合材料，例如碳纖維，可以藉由編織，或在製造時將不同角度的碳纖維片堆疊後再拿去加熱成型，一定程度使其在各個方向上的機械強度都能夠兼顧。

　　碳纖維還有一個特點，就是萬一它出現裂紋，就不如金屬材料那麼好處理，因為在加熱修補的過程中，可能一起把周遭的碳纖維一起加熱了，導致要修繕的面積擴大。此外，它在受到撞擊（如鳥擊）損傷後，會變成比較像是內傷的形式，不容易從外觀看出，但實際上，抵抗外力的強度已完全沒有了，因此，在飛機的某些地方，仍然偏好使用金屬材料。

5.8　安全係數

　　安全係數（Factor of Safety）就是結構實際強度和需求強度
的比值。比如說，一個螺栓在正常操作情況下最大只會受到
45MPa的剪應力，如果我們把它設計成受到90MPa的剪應力時才
會損壞，那它的安全係數就是2。

　　飛機上不同的零部件有不同的安全強度要求，通常安全係數
的值落在1.5到2.5之間。理所當然地，安全係數愈高，結構就愈
安全，但是過高的安全係數，也就是讓結構「過於堅固」，從另
一個角度想，就是造成重量上升以及不必要的材料浪費。安全係
數是個頗需要拿捏的值，太低當然不行，但高到什麼程度就足以
保證安全，再高下去邊際效應就開始遞減、變得愈來愈沒有意
義，這是需要恰到好處的拿捏的。

5.9 機體壽命

圖 5.9.1　飛機的機身結構通常足夠使用20至30年或更久，視飛行的頻率而定。/A330-300 作者攝

　　在飛機的結構強度符合要求，也有足夠的安全裕度之後，最後要考慮的，就是使用壽命（Life）的問題。

　　使用壽命的長短要怎麼評估？這和材料的疲勞有關。而要如何快速地知道材料的「耐疲勞性」？這就要用到受力循環的概念。舉例而言，飛機在高空飛行時，機翼會需要承受上下表面的壓力差，但在起飛之前、降落之後卻不用，所以，飛機「起飛－巡航－降落」這個過程就對應到它的機翼「不受力－受力－不受力」的情況，而且，飛機在其整個服役生涯中，都會很一成不

變、很單調地重複「起飛-巡航-降落」這個過程非常非常多次，因此，我們可以將那樣的過程所對應到的負載變化「不受力-受力-不受力」視為一次循環，並將飛機的整個服役生涯等效地視為它在不斷重複著這個循環。

接著，我們就可以在實驗室裡不眠不休地拿一個機翼重複著剛剛講的受力循環（只不過我們在對疲勞的物理現象建模時，不考慮物體長期處在一個固定負載下的潛變，所以「不受力、受力、不受力、受力……」的過程是以較快的速度一直切換的），日以繼夜地重複，可能過好幾個月之後，經歷了比如說九千多次循環之後，機翼某處出現裂紋，被判定不能再使用，此時，我們就知道它的使用壽命大概有九千多個循環。獲得了這個實驗數據以後，就可以對照一般飛機執行航班的頻率，來估算出這個機翼大概可以用25年。

飛機的其它部件，如起落架承受落地衝擊的次數，或是引擎經歷「起飛前停機-飛行時全速運轉-落地後停機」，也都是用這樣循環的概念來推斷出它的使用壽命。

5.10 結構設計的短板效應

　　最後，結構設計有一個很重要的概念，那就是「結構會從最脆弱的地方開始毀壞」。這個概念有點類似所謂的短版效應，即一個水桶能裝多少水取決於組成它的木板中最短的那片，跟最長的那幾片有多長沒關係。在一個由很多部件組成的整體結構當中，只要有一個最弱的部件壞了，那剩下的部件再堅固都沒有用，因為整個結構已經不能使用了。

　　舉例而言，假設某個設計師設計了一架飛機，由於他了解飛機降落瞬間主起落架承受的衝擊力有多大，所以特別對主起落架做加強，而且還不惜重量的代價，增加了比原本設計還強好幾倍的強度，甚至連前起落架也一起加強了。他以為這樣設計以後，那架飛機從此起降時都可以萬無一失，結果，首飛那天飛機一落地，起落架是沒問題，但飛機不能飛了，因為起落架支柱的強大衝擊力把其上方機翼內部的某個結構件撞出了一道裂痕，導致飛機必須進廠維修。

　　在這個例子中，設計師過分加強起落架的強度有意義嗎？沒有意義，因為起落架自己扛的住衝擊力（而且甚至不用特別加強之前就扛的住），但當它吸收一部分力之後，要將負載轉移到機翼上時，機翼的結構強度不夠，扛不住那個力，導致整架飛機的結構，最後還是在落地的瞬間損壞了。

　　所以，同樣是增加材料使用量、同樣增加重量，把一部分結

構的加強量分給起落架上方和機翼連接處的結構，才是更聰明的作法。一架飛機已經夠堅固的地方不用再加強，反倒是相對脆弱的地方要著重加強，比較能提高整體材料的使用效率。

　　一言以蔽之，要「抓最後一名」，並從它開始加強起。

機型	機身直徑與機身長度	翼展長度	主翼展弦比與漸縮比	起落架布局與輪胎數目
A330-300	5.64m; 63.69m	60.3m	10.06;	前三點式，前起落架2輪，主起落架左右各4輪（777為6輪）
B787-9	寬5.77m 高5.97m; 63m	60m	11.07;	
A350-900	5.94m; 66.8m	64.75m	9.46;	
B777-300ER	6.2m; 73.86m	64.8m	9.61;	

機型	各種材料使用重量占比（概略）	空重	最大起飛重量
A330-300	鋁合金58.3% 鋼19.2% 鈦7.7% 各種碳纖維9.2% 其他5.6%	129.4	242t
B787-9	碳纖維50% 鋁合金20% 鈦15% 鋼10% 其他5%	129t	254.7t
A350-900	碳纖維53% 鋁合金19% 鈦14% 鋼6% 其他8%	142.2t	283t
B777-300ER	鋁合金70% 鋼11% 鈦7% 各種複合材料11% 其他1%	167.829t	351.533t

OEW: Operational Empty Weight
MTOW: Maximum Takeoff Weight

表：四型廣體客機的結構設計與材料使用

飛機機身頂部、底部和垂尾上，
都有各式導航和通訊用的天線。
/B787-8 作者攝

第 **6** 章

航空電子系統

6.1 匯流排

現代飛機上有許多航空電子系統（Avionics），各自都提供不同的功能，例如獲得大氣數據（Air Data）、飛行控制（Flight Control）、導航（Navigation）、通訊（Communication）、偵測氣象用的雷達（Radar, Radio Detection and Ranging）等。而這些系統彼此之間又要互相交換訊息，將所有資訊經過比對和彙整後顯示給飛行員、並接收飛行員的操控指令等。

為了實現上述功能融合，現代飛機將航電設備數位化，讓不同系統的數位資料在統一的規範下傳輸、交換。這種用來交換資料的媒介叫做匯流排，後面將介紹其規範（種類）。

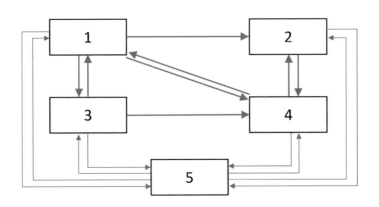

圖 6.1.1　ARINC-429 匯流排架構

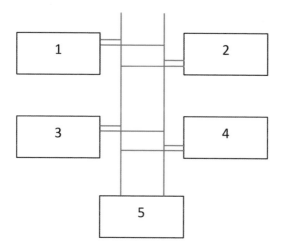

圖 6.1.2　ARINC-629 匯流排架構

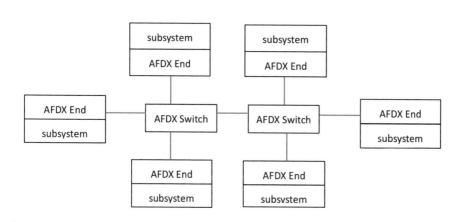

圖 6.1.3　AFDX 架構

匯流排（Data Bus）就是各航電系統之間彼此互相傳輸資料的線路。有幾種比較常見的資料交換架構，概略地說，ARINC-429匯流排架構就是將各部電腦之間直接拉線互相對接，資料直接透過數據線路互傳，它的好處是可靠，但線路較多，用於A320/A330/A340/B737/B747/B757/B767等機型；ARINC-629匯流排架構（源自於在軍機上被廣泛使用的MIL-STD-1553B匯流排）就是先用一個次幹線將功能上較相關、彼此之間也較常做數據交換的幾部電腦先連接起來，再將數個次幹線連接到主幹線上，以實現各個大模組之間的互聯互通，它相較前者更加方便、大大節省了線路的使用，用於B777；AFDX架構（Avionics Full-Duplex Switched Ethernet, ARINC 664）則是使用了數個終端系統（AFDX End System），每個終端系統再接上一台（或幾台）綜合電腦幫它做運算（那些電腦用次系統來合稱它們，AFDX Subsystem），而功能相關的幾個終端系統會接到同一個網路交換機（AFDX Switch），飛機上的幾個網路交換機再互相連接，如此一來，飛機上的各個終端系統就可以將資料互傳了，它相較於前兩者，資訊傳輸量更大，用於A380/A350/B787等。隨著科技進步，匯流排使用的資料傳輸電線能夠以愈來愈快的速度在各航電系統之間傳輸資料。

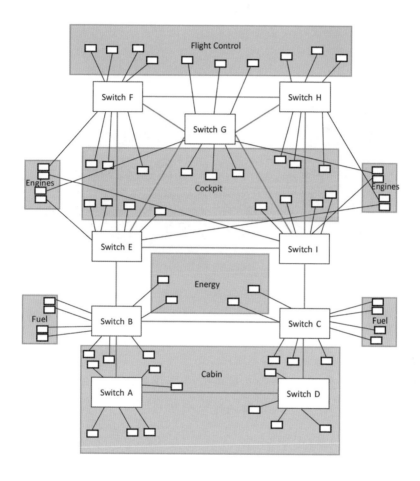

圖 6.1.4　A380 的 AFDX 匯流排架構圖

6.2 飛控電腦

圖6.2.1　一些會在飛機上使用的電腦：AFDS-computer, AFDS-pilot control unit, CSAS-control unit(左圖由左至右), Lateral Computer(右圖中間)。 /作者攝

　　現在的飛機都會有3至4部飛行控制電腦（Flight Control Computer），藉由線傳飛控系統來輔助飛行員控制飛機。飛行員推動駕駛桿（或節流閥）之後，駕駛桿不會再像以前的飛機一樣藉由機械聯動系統和液壓系統來直接控制飛機的各個氣動控制面，現在的飛機都是把駕駛桿當成電腦鍵盤或滑鼠一樣純粹輸入控制命令的工具。飛機的飛控電腦會根據飛行員推桿的量，來解算出相對的控制命令，再將這個電子訊號傳到飛機的液壓系統、致動器，讓它們來偏轉舵面的角度，這樣「將飛行員的操縱解算成電子訊號，再由這個電子訊號去對機械系統下達指令、使其作動去偏轉舵面」的方式，就稱為線傳飛控（Fly By Wire）。所

以，使用線傳飛控的飛機，其實可以看成飛行員操縱電腦、電腦再操縱飛機。

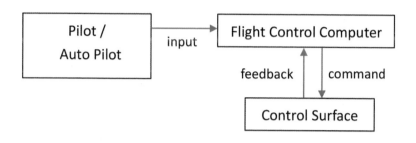

圖6.2.2　**線傳飛控**

　　飛控電腦搭配線傳飛控的主要好處是，飛行員不用再直接透過機械結構來操控飛機的各個舵面，這能使飛行員在飛行時省力很多，並且，藉由飛控電腦輔助，線傳飛控系統最後輸出給舵面的指令能更加滑順、細膩、精準、迅速。此外，飛控電腦還會接受來自機上其它航電系統所提供的飛行高度、速度、攻角和其他姿態、導航定位等訊息，將這些訊息整合後，能夠很大地輔助飛行員飛行，例如在飛機受氣流干擾導致航向有點偏掉時，飛行控制電腦可以幫助飛行員自動修正飛機姿態、航向，或是在平穩飛行時，按照預設的航路自動駕駛。

6.3 通訊系統

圖6.3.1　**天線分布在機身上面和下面，以及垂直尾翼上。** /B787-8 作者攝

　　民航機對外通聯主要靠HF（High Frequency）和VHF（Very High Frequency）波段，軍機主要靠VHF和頻率更高的UHF波段。

　　就民航機而言，HF和VHF的最重要差異是，HF波段（以及頻率比它更低的波段，如MF, Medium Frequency和LF, Low Frequency）的電波由於頻率較低，能夠沿著地表傳播、透過電離層反射，它的傳播距離較遠，但精確度較低；而VHF（以及頻率比它更高的波段，如UHF, Ultrahigh Frequency）的傳播方式是沿直線前進，所以舉例而言，如果飛機的飛行高度是其看到地平

線最遠處只能看到300或400公里的距離，那這個VHF電波的收發就只能在這個「視線」距離範圍內。

　　大型客機能夠藉由VDL（VHF Datalinks）Mode1～4（其中Mode 3和4未來較有發展）頻道來與地面通訊站交換文字和語音訊息，不同的頻道允許不同的最大數據資料傳輸和接收率。此外，在天空中的飛機彼此之間也可以透過其它方式通訊。

　　廣義的通訊／導航設備的裝備還有飛航管制系統（Air Traffic Control Systems, ATC Systems，包含用於識別的二次雷達Secondary Surveillance Radar，ATC Mode S以及Automatic Dependent Surveillance-Broadcast, ADS-B等）、接近地面警告系統（Ground Proximity Warning System, GPWS）、空中防撞系統（Traffic Alert and Collision Avoidance System, TCAS）等。

圖6.3.2　**TCAS和GPWS** / 作者攝

6.4　導航系統

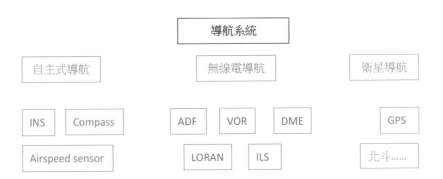

　　飛機的導航有很多種方式,而不同導航方式也都各有優劣,比如說在某些情況下,某種導航系統提供的資料就會較為精確;另一種情況下,其它導航方式提供的數據就會比較好……,所以實際上各種導航方式是互相參照的,藉以推算出飛機最精確的實際位置。

　　地面的NDB(Non-Directional Beacon)導航台會使用接近LF波段的電波,讓在天空中的飛機能藉由ADF(Automatic Direction Finder)接收機接收訊號來得知自己相對於這個導航台的方位。它的優點是LF波段可以隨地表傳播,讓較遠、視線距離以外的飛機都收得到訊號,但它的缺點是精確度較低。

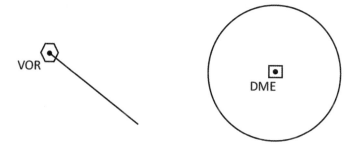

圖 6.4.1　VOR 可讓飛機知道自己與導航站的方位，也就是左圖中的直線上，但不知道該線上的哪一個點；DME 可以讓飛機知道自己與導航站的距離，也就是右圖中的圓上，但不知道該圓上的哪一個點。

　　地面的 VOR（VHF Omnidirectional Range）導航台可以藉由 VHF 訊號，讓飛機藉由接收訊號來得知自己相對該導航台的方位。由於它使用的是 VHF 波段，所以數據較精確但傳播距離較短，僅限於視線範圍內。地面的 DME（Distance Measuring Equipment）導航台則是藉由 UHF 訊號來發送，不過它的功能是讓空中的飛機知道自己與本導航台的斜距（同時考量飛機與導航台的水平距離和飛行的垂直高度後，直角三角形的斜邊距離）。

　　一架飛機如果同時收到兩個來自不同 VOR 導航站的電波，得知自身與那兩個不同導航站的方位訊息；或者，一架飛機收到來自三個不同 DME 導航站的電波，得知自身與那三個導航站的距離，就可以推斷出自己的位置，當然，也可以同時收到多個 VOR 和 DME 導航站的電波來幫助飛機自身定位。

　　有些導航站同時設有 VOR 和 DME 電波發射器，是一個複合式的 VOR/DME 導航站台，在這樣的情況下，如果飛機能夠收到同一個導航站傳來的 VOR/DME 訊息電波，同時獲知與該導航站的方位和距離，就能夠直接判定自己的位置。

然而，VOR和DME卻有一個弱點，就是它們只能在視線範圍內提供導航。對於大洋上、大沙漠或南北極這些大範圍無人居住地區的上空，就必須用另一種電波導航方式——LORAN-C（Long Range Navigation-C Version），這種電波在LF波段，能夠將訊號傳送至較遠的距離，飛機藉由接收三個站台的訊號，判斷自身的位置。

圖6.4.2　在高空中，直線前進的無線電波的「目視」距離也是可以很遠的，視飛行高度而定。/作者攝

　　除了電波導航外，現在最重要的導航系統就是衛星定位（GNSS, Global Navigation Satellite Systems）。

在太空中,衛星會發射帶有時間訊息(發射電波的時刻)的UHF電波,當飛機收到電波時,再比較收到電波當下的時刻,就可以知道電波花了多少時間從衛星傳播到飛機上,這個時間在再乘上光速,就可以得到衛星與飛機的距離。

藉由這樣的方式,接收到三顆衛星的訊號就可以得知自身的經緯度,如果此時再接收到第四顆衛星的訊號,就可以得知自身的高度,或用這四個衛星進行互相校正,得出更精確的經緯度座標。目前最廣用的GNSS系統是GPS(Global Positioning System)。

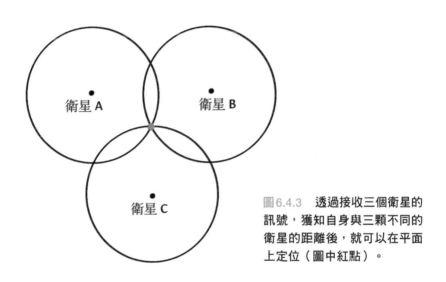

圖6.4.3　**透過接收三個衛星的訊號,獲知自身與三顆不同的衛星的距離後,就可以在平面上定位(圖中紅點)。**

衛星定位系統能在各處使用,包含大洋、沙漠上空,但它的缺點是訊號較容易受到干擾,所以也不能只依靠這種導航方式。

除了以上所提那些藉助外部導航設施(地面導航站或外太空的衛星)的導航方式,慣性導航(INS, Inertial Navigation Systems)

是一種不需藉助外力的飛機自身的導航方式。慣性導航系統由三個雷射式陀螺儀和三個微機電加速度儀組成，雷射陀螺儀對飛機角度的變化很靈敏，可以量測飛機在角度上的變化率，微機電加速儀則對加速度非常靈敏，可以量測飛機的加速度。

　　將三個陀螺儀照 x,y,z 的座標系互相垂直的放置，就可以量測飛機相對於 x,y,z 三個軸的角速度，經由對時間積分，就可以知道飛機對三個軸的角度，也就是飛機在三度空間中的姿態；將三個加速儀分別照著 x,y,z 三個軸放置，就可以量測飛機對 x,y,z 三個軸的加速度，經由對時間積分兩次，就可以得到飛機在三個軸上的位移。準確記錄飛機在每個瞬間所量測到的相對於三個軸向上的角速度和三個軸向上的加速度之後，就可以推算出飛機自從開始移動之後，在哪個方向上前進了多少的距離，進而推算出自己的位置。

目前位置

出發點

圖6.4.4　只要能夠不斷記錄自己往哪個方向（箭頭指向的角度）走了多長的距離（箭頭的長度），就可以推算出自身目前相對於出發點時的位置，前者依靠陀螺儀來完成，後者依靠加速儀來完成。

　　慣性導航系統的特色是，第一它獨立運作，不需要依靠外來的協助（代表沒有被外來訊號干擾的問題），第二它在短時間、很小的位置變化量的情況下有極高的精度。不過，由於角速度和

加速度的量測上難免有誤差，這個誤差不管再怎麼小，隨著時間的過去終將逐漸累積、愈來愈大，因此，實際運行時，飛機每隔一段時間會校正慣性導航的位置。實務上，飛機上的各個導航系統都是有在互相校正的，以綜合得到最精確的飛機位置訊息。

除了慣性導航之外，羅盤也屬於自主式導航的一部分，只不過真北和磁北是存在差異的，這方面就需要特別的注意。

最後，儀器降落系統（ILS, Instrument Landing System）和微波降落系統（MLS, Microwave Landing System）也算是導航工具。

飛機在準備降落的階段，需要最精確的導航輔助。這是因為，舉例而言，當一架飛往美國的班機在太平洋上空飛行時，它由於導航誤差而向左或向右偏了50公尺，其實沒什麼差別，然而，當那架飛機在進場階段準備落地時，即使是5公尺的不同都是有對準跑道和沒對準跑道的差別。

儀器降落系統，就是從飛機在很遠處開始下降到最後抵達跑道上空的這整個過程中，利用數個電波站台，在空中建立一條由電波導引規範的隱形下滑通道，而飛機藉由接收那些電波，讓飛機能夠遵照儀器降落系統定義好的下滑軌跡進行進場程序，最後，該系統會引導飛機至極為接近跑道頭的上空十幾公尺處，再由飛行員完成落地。

以上所提到的電波的接收天線或兼具接收和發射功能天線都裝在飛機頂部、底部和垂直尾翼上，此外，並不是每種系統都要專屬於它的接收天線，有的使用波段相近的系統就可以共用天線。

大氣數據系統、
攻角感測器與雷達高度計

圖 6.5.1　機首分布著測量靜壓和動壓的空速管、攻角感測器、溫度感測器。
　　　　　/A350-900 作者攝

　　大氣數據系統就是藉由皮托管（Pitot Tube，位在機首的很小
的結構）來測量飛行當下的全壓和靜壓，以及藉由溫度感測器
（位在機首的一個平坦表面結構）來測量大氣當下的全溫，依靠
這三個數據，就可以推算出飛機的壓力高度、垂直速度、校正空
速、馬赫數、真實空速、空氣溫度、空氣密度這七個大氣數據，

這幾個數據會再傳送給飛行儀錶、飛控電腦、導航系統等各個航電單元作參考或使用。

　　攻角感測器就是一個位在機首的很小的構造，它可以測量飛機攻角。至於雷達高度計，它位在機身下方，用雷達的原理準確探測飛機和地表的垂直距離。

6.6 氣象雷達

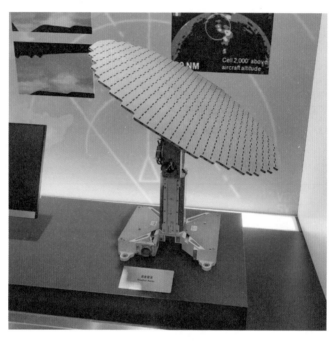

圖6.6.1　氣象雷達，圓型的平板為雷達的天線。／作者攝

　　氣象雷達（Weather Radar）的天線位於機鼻的鼻錐罩中，它使用比UHF更高的SHF（Super High Frequency）波段來探測前方的雷雨胞、暴風圈、雲等天氣資訊，提供給飛行員，讓飛行員能夠駕駛飛機、改變航線去遠離惡劣天氣。

6.7 電力系統

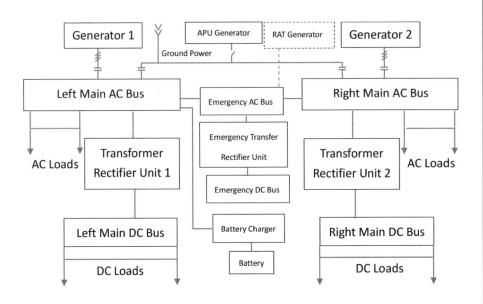

圖6.7.1　一般大型客機的交流電電力系統

　　飛機的引擎會藉由傳動軸驅動齒輪箱，再經由齒輪箱驅動發電機產生交流電源。

　　大型飛機的發電機能夠在引擎轉速變化範圍很大的情況下（最高轉速可達最低轉速的約兩倍），持續穩定地提供115伏特、400赫茲的三相交流電給飛機的電網，不過，也有些飛機採用的發電機輸出的交流電頻率是會隨引擎轉速而變化的。

而發電機那端所產生的115伏特交流電，一部分會直接供給某些設備使用和給電池充電，另一部分則是會經由變壓整流單元（Transformer Rectifier Unit）轉換成28伏特直流電，再供給一些設備使用；飛機上會用到電的設備包括直流馬達（作為初始驅動器、驅動燃油閥等功能）、交流馬達（驅動燃油加壓幫浦、陀螺儀、空調冷卻風扇等）、照明系統、加熱系統與航電設備。

飛機在地面滑行時，輔助動力系統也可以驅動專屬於它的發電機，為飛機供電；而當飛機停靠於停機坪時，則會接上地面電源。

6.8 駕駛艙電子系統

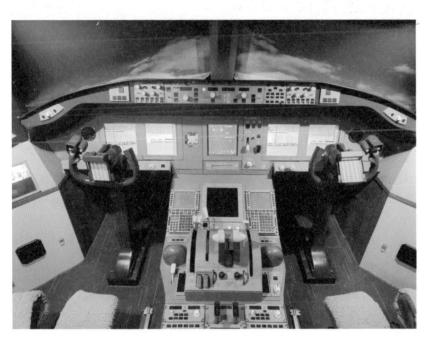

圖 6.8.1　駕駛艙。座椅前方的操縱桿可以控制飛機的俯仰（前後推動）和滾轉（左右搖動），在前方的踏板可以用來控制偏航，位於中間的（白色手柄者）則是控制引擎推力大小的節流閥。 /作者攝

圖6.8.2　由Airshow（註冊商標）Voyager 3D所顯示的飛行狀態，左邊為空速（節，及海里／小時，1海里=1.852公里）、右邊為高度（英尺）、下方為航向（將東西南北分成一圈360度）、正中間為水平姿態儀。由圖可知飛機當下正以503節飛行於三萬四千英呎高空，航向為236度，姿態略為上揚（飛機通常以一微小正攻角巡航）。／作者攝

　　駕駛艙電子系統（Cockpit Electrical System）會將各項重要數據顯示給飛行員，讓飛行員判斷接下來該如何操作飛機，並且，在飛行員輸出控制指令之後，將這個指令傳送出去。

6.9 飛行管理系統

飛行管理系統（Flight Management System）可以根據預設好的飛航路徑，佐以導航系統提供的資料，為飛行員規劃飛行路線，並結合自動駕駛的功能，讓飛機依循著最佳化的方式飛行。

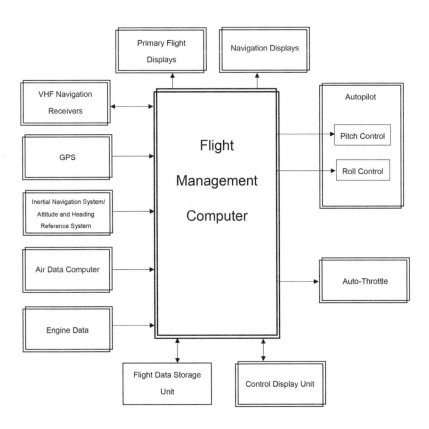

圖6.9.1 飛行管理系統（Flight Management System）的系統方塊圖

圖 6.9.2　機身上下和垂直尾翼上都有許多導航和通訊天線,他們取得的導航資訊會再和慣性導航系統、大氣數據系統和引擎資料,一起提供給飛行管理電腦,讓飛行管理電腦進行自動駕駛、自動推力控制等功能 / A350-900 作者攝

次系統維繫著整架飛機的運轉
/ B777-300ER Photo: IG rulong.aviation

第 7 章

次系統與
整機安全性設計

7.1 飛機不解體 ——結構的安全性

　　飛機上的各個系統除了會加強自身的功能，提高自身的安全裕度（Safety Margin）或安全係數（Safety Factor）之外，還會彼此互相備份，來讓單一部件的失效不會導致整個系統都失去功能，這是一種「損壞尚安全（Fail Safe）」的概念。

　　首先，要保證飛行中的飛機不會解體，這就必須要加強飛機結構的安全性。每個結構件本身的安全係數，就如前面所說明過的，是將結構所能承受的極限強度提高到正常操作下最大負載的一定倍率，比如一個正常情況下最大會受到45MPa剪應力的螺栓，當我們把它設計成受到90MPa的應力下才會毀壞的話，那這個螺栓就有2倍的安全係數。

　　除了適切地提高單個結構件的安全係數，我們也可以使用冗餘性的設計，使整個系統達到損壞尚安全。

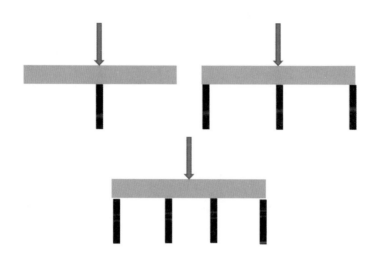

圖7.1.1　不同的結構安排

　　如果我們只放一個桿件來支撐負載，則那個桿件一斷，整個系統就會崩塌，是沒有任何損壞尚安全的理念的設計；若我們在主承力桿件兩側再放兩根桿件，則若中間的桿件斷裂，兩側的桿件可以完全接替它的任務，若兩側的桿件其中之一或兩者皆斷裂，那所有的力就都由中間的桿件承擔，系統不會毀壞；若我們在負載的兩側皆布置兩根桿件，則任一根桿件斷裂、內側兩根桿件同時斷裂、外側兩根桿件同時斷裂這三種情況都不會讓系統毀壞，擁有更多的安全性（不過代價是付出更多的材料、重量與造價）。

7.2 飛機不失去動力——發動機和燃油系統的安全性

圖 7.2.1　發動機是飛機的動力來源；同時，飛機也必須依靠發動機的推力去抵抗阻力，才能讓機翼持續保有一股相對氣流，進而產生升力。因此，確保發動機穩定、持續地運轉，可說是飛行安全的基礎。/ C919 飛行於 2024 年新加坡航空展 Photo: IG dc_ah

　　第二，為了讓飛機不在空中失去動力，現在的飛機都致力於提升引擎的可靠性，建立嚴謹的保養檢修制度，而且一般的大型飛機都會裝兩具引擎，這樣一來，單一引擎的失效就不會讓飛機失去全部推力，並且，依靠單一一具引擎的運轉，還是足夠讓飛機持續飛行很長的時間，能讓其即使在大洋或沙漠上空，都能持續飛行到最近的備降機場降落。

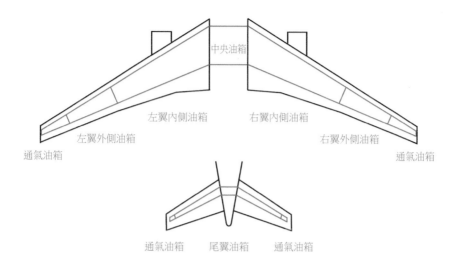

圖7.2.2　飛機的燃油系統（不是每架飛機都有尾部的油箱）

　　飛機的燃油系統主要包含油箱和各種幫浦、閥件。燃油系統要確保燃油在飛機進行各種機動時（包含負 G 機動時）都能穩定持續地供應給燃油發動機，以避免發動機熄火，還有在各油箱之間輸送油料以調整飛機重心的位置、幫助飛機配平；此外，油箱內的許多探管要準確估計燃油的總量（精確度都在 98％ ～ 99％），好讓飛行員在飛行中準確知道飛機剩餘多少燃料，或是地勤人員在地面為飛機加油時能準確掌握油箱內燃油的多寡。

　　燃油的密度是會隨其溫度不同而改變的，因此，油箱內燃油的體積和質量都會被測量，其中，由於燃油的質量和它所能提供的能量直接相關，因此，在某些情況下會以質量為標準來衡量燃油的多寡。

正常情況下，燃油是由幫浦驅動（燃油幫浦通常由電力驅動），外界空氣直接補充進通氣油箱中（Vent Fuel Tank）（或有些飛機是把氮氣灌入油箱中），維持整個油箱的壓力。在緊急情況下，若燃油幫浦失效，則燃油也可藉由重力直接流進發動機。

　　飛機的發動機、輔助動力系統、客艙和貨艙、電子設備艙等，都設有各種感測器，如高溫感測器和煙霧偵測器，以及滅火器（電子設備艙除外），來防範火災。

7.3

飛機不失去控制（一）
——飛控電腦的安全性

圖 7.3.1　飛控電腦幾乎是飛機上最重要、最不能失效的配備。其中 A320 系列、A330、A340 家族在駕駛艙、航電架構、液壓系統等次系統的整體設計，是一脈相承、非常類似的／A320 Photo: IG aviation_rc.andy

　　第三，現在的飛機是由飛行控制電腦控制，飛行控制電腦和一般的電腦不同，它不需要執行很複雜的計算，但要非常可靠，不能出現計算錯誤或當機，所以它在設計上和我們平常熟悉的桌上型電腦是有些不同的。此外，飛行電腦至少有 3 部作為備分，這是由於它獨特的排錯機制：如果飛控電腦只有一部，那壞掉就沒了；如果有兩部，那假設其中一部出現故障，它可能直接不輸

出任何訊號（這是比較好的情況），但也可能輸出錯誤的訊號——如果我們看到兩部電腦輸出不同的訊號，則我們無法判別哪台是對的、哪台是錯的（亦即我們不知道故障的是哪台電腦），因此，我們需要第三部電腦來加入飛行控制率的計算並輸出訊號，並假設這三台電腦中只有一台壞掉、不會出現兩台同時壞掉的情況（機率極低），那我們就可以藉由比較這三台電腦的輸出，以投票表決的方式，決定最後輸出去控制飛機的訊號。

7.4 飛機不失去控制（二）
——液壓系統的安全性

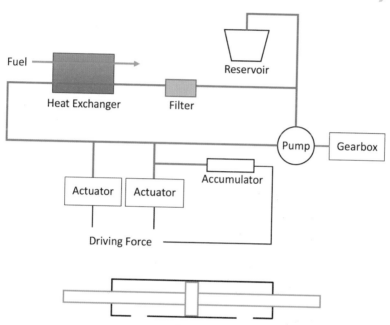

圖 7.4.1　液壓系統的基本組成與致動器的構造。下圖畫的致動器，其外殼是一個圓筒狀結構（黑色），當液壓油從左側缺口注入時（嚴格來說是左側的液體壓力大於右側時），活塞就會被往右邊推，進而使右邊的桿子向外伸出去驅動其它構造，當液壓油從右側注入時則相反。

　　第四，飛機在飛行的過程中，需要舵面來幫助其配平、穩住飛機，或者操控航向。一架飛機的引擎全部失效，或許還可以用位能換動能，勉強維持滑翔、爭取時間嘗試讓發動機重啟，甚至直接飄降，但倘若液壓系統失效、飛機各個舵面完全無法控制，

那就很難逃離墜毀的命運。因此，驅動舵面的液壓系統，就極為重要，是絕對不能失效的。

　　一般的飛機有三套互相獨立的液壓系統（或者兩套液壓系統加一套可用於控制舵面的電力控制系統），其中，以A320／330／340為例，這三套系統中有兩套是正常情況下使用的液壓系統，還有剩下一套緊急情況下使用的液壓系統（對比之下，B767則是三套系統都會在正常飛行時工作，互相備份）。兩套正常情況下使用的液壓系統分別布置在機體內部的左半邊和右半邊，分別由左右兩個引擎提供液壓力，各自驅動飛機左半邊和右半邊的系統，以及瓜分機身中部各個需要液壓力驅動的系統。

圖7.4.2　F-104戰機的液壓系統藉由致動器（即伺服器）去控制方向舵的轉動／作者攝

其中，特別重要的部件，比如副翼、升降舵、方向舵，左邊的液壓系統除了負責自己左側之外，還會將部分管線拉到右側機身，使得右側的這些重要舵面也可以被左側的液壓系統控制，同樣地，右側機身的液壓系統也會拉一些管線到左側，使得其可以在控制自己右側這邊的舵面之餘，控制到左側的那些重要舵面。如此一來，左邊的那套液壓系統，和右邊的那套液壓系統，都可以獨立控制飛機的重要舵面；當其中某一側的液壓系統失效時，該側一些較不重要的機構的驅動功能可能會受到影響，但整架飛機左右兩側的所有重要舵面則可以由尚完好的另一側的液壓系統來驅動。

而飛機的第三套液壓系統，也就是緊急用液壓系統，則專門用來驅動那些左右兩側的重要舵面。如果有一側的引擎發生故障，無法提供液壓力，則另一側的引擎可以同時為機上的左右兩套液壓系統提供液壓力；若兩具引擎同時故障無法提供液壓力，則機身尾部的輔助動力系統和電力系統（若引擎還能驅動發電機，就由發電機供電，若引擎完全失效、連發電機都無法驅動，那就由電池提供電力）皆可以為緊急液壓系統提供液壓力。在兩個引擎和輔助動力系統皆失效的極端情況下，飛機位於機翼與機身接合處的機腹下方還可以伸出衝壓空氣渦輪（一個小型螺旋槳），藉由飛行時的氣流來轉動葉片、獲得能量，為液壓系統提供液壓力。最後，如果連小型螺旋槳也無法發揮效用，液壓系統還可以藉由機上人員由人力驅動、提供液壓力。

圖7.4.3　F-104的衝壓渦輪。大型客機的衝壓渦輪更大（直徑可達1公尺上下），通常由機腹下方伸出，共有兩片葉片。 /作者攝

7.5 飛機各系統的運轉不會中斷 ——電力系統的安全性

電力系統、燃油系統、起落架和客艙加壓系統，也都有各自的安全性設計。

電力系統在正常情況下由引擎驅動的發電機供電，若飛機在空中發生緊急情況導致引擎齒輪箱無法轉動發電機供電，則飛機可藉由輔助動力系統驅動它所屬的發電機供電，若輔助動力系統也失效，還可依靠衝壓空氣渦輪和電池供電。

人員能夠呼吸
——艙壓和氧氣系統的安全性

圖7.6.1　衝壓進氣口在機身下方接近機翼接合處。從這張圖也可以看出翼根的厚度是很厚的、縫翼和襟翼的角度也較大，從空氣動力學的角度來說，這是因為我們要讓機翼產生足夠的升力，此外，還希望升力的分布都儘量往機翼內側集中，藉以減少翼尖渦流和誘導阻力的產生。較厚的機翼內部也會拿來裝油箱，除了增加燃油搭載量，也要讓燃油的重量較平均地分布在產生升力的機翼上，儘量避免將所有的重量都集中在機身，藉以降低機身和機翼連接處承受的剪力。／B787-9作者攝

客艙裡的空氣，源於從發動機內的壓縮器所導出的部分空氣，由引氣系統（Bleed Air System）提供。在這個過程中，氣流還會被機腹下方Air Conditioning Pack Bay Heat Exchangers的進、排氣口，所引入的外部氣流冷卻，將廢熱排出。

　　萬一客艙失壓，飛機通常會緊急下降至氣壓較高的安全高度，在機艙內壓力與飛機所處高度外部的氣壓接近時（通常小於1~2PSI），開啟RAM AIR INLET，使因飛機速度產生的衝壓空氣，在不會因壓差而導致逆流的條件下，可以進入客艙，提供可循環的空氣。此外，氧氣面罩也會自動落下，藉由備用的化學氧氣生成器，為乘客提供氧氣。

7.7 飛機能夠安全落地 ——起落架的安全性設計

　　起落架正常情況是由液壓系統驅動，在液壓系統失效時，它也可以藉由重力自然放下。

　　以上所提及的安全性設計主要著重在飛機設計和製造領域，由於飛機的操作牽涉到人（包含飛行員、維修保養人員，甚至航管員等），所以完整的保障安全的方式還牽涉到許多作業規範的制定與遵守、安全文化的建立、風險評估與管理等其它範疇。

圖 7.7.1　飛機迫降後，逃生滑梯可以快速疏散人員，若在水面上還可以充當救生艇。／作者攝

A350-1000 /Photo: IG dc_ah

第 **8** 章

飛行表現

藉由前面的內容，我們已經很完整地認識「一架飛機」，現在，我們要開始研究飛機的飛行表現。舉例而言，有水平等速飛行的情形、航程（可飛行的最遠距離）、續航力（可飛行的最長時間），以及空中機動的情形，如加減速、爬升、下降、水平轉彎，以及飛機的起降。

載重和航程是民航機最重要的飛行性能指標 / A321neo 作者攝

8.1　水平等高度等速度飛行

　　飛機在天空中保持等高度、等速度飛行時,機體會受到升力
(L)、重力(W)、推力(T)、阻力(D)這四個力。在本章
的內容,我們將飛機視為一個整體,假設前述四個力及接下來提
到的各個力都作用在飛機的質心,不考慮力矩是否平衡、需要怎
麼樣去配平的問題(關於這部分,可參照第3章)。

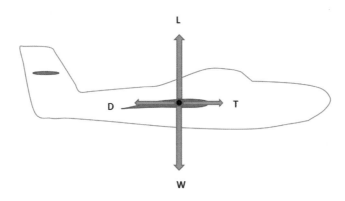

圖8.1.1　水平等速飛行分析

　　在垂直方向上,升力和重力大小相等、作用方向相反,飛機
保持等高度飛行:

$$L = W$$

　　在水平方向上,推力和阻力亦互相抵銷,飛機維持等速飛行:

$$T = D$$

我們在此先介紹「升力和阻力的比值」，也就是升阻比
（Lift to Drag Ratio）：

$$L/D = \frac{L}{D} = \frac{C_L}{C_D}$$

經由前面的兩行公式，我們可以推導出：$L \times T = W \times D$。
由此我們可以獲得一個重要結論：

$$T = \frac{W}{L/D}$$

即「推力」等於「重力」除以「升阻比」。
這裡的推力指的是維持等速度等高度飛行的最小的「需求推
力」。

由前述關係式可知，飛機重量固定時，升阻比愈大，維持水
平等速飛行所需要的推力就愈小。飛行器的升阻比會受到氣動力
外型和攻角影響。

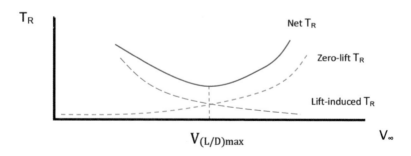

圖8.1.2　**需求推力**T_R（Thrust Required）**與速度的關係，Net** T_R**為實際飛**
機在各個不同速度下飛行所需的最小推力，也就是下列兩項目的總和：
Zero-lift T_R**即為了克服寄生阻力所需要的最小需求推力；Lift-induced** T_R**即**
為了克服誘導阻力所需要的最小需求推力。

飛機在低速時需要更大的攻角來產生足夠升力、維持飛行，但誘導阻力也會隨之增加；在高速時只需要微小攻角就有足夠升力，但飛得愈快，寄生阻力愈大，所以在飛行速度由低速向高速的過程中，總阻力會在某個飛行速度下有極小值。

我們在第 2 章介紹過，阻力可分為寄生阻力和誘導阻力。阻力係數 C_D 也由零升阻力係數 $C_{D,0}$ 和誘導阻力係數 $C_{D,i}$ 構成，而誘導阻力係數的大小和升力係數有關。阻力係數公式為：

$$C_D = C_{D,0} + C_{D,i} = C_{D,0} + \frac{C_L{}^2}{\pi e AR}$$ 。

而阻力的計算方式為：

阻力＝阻力係數 C_D × 動壓 × 參考面積

速度愈低，愈需要提高攻角來獲得足夠升力，但這會增加誘導阻力；速度愈高，攻角可以愈小，但由於動壓增加的關係，寄生阻力也會增加。

我們在這裡直接呈現出計算後的結果，那就是當飛機處在某個特定飛行攻角，使：

零升阻力係數 $C_{D,0}$ ＝誘導阻力係數 $C_{D,i}$

此時，升阻比 $\dfrac{C_L}{C_D}$ 會有最大值，飛機就可以用最小的推力去保持水平等速飛行。

然而，推力並不只看發動機運轉的強度。實際上，發動機最多能提供多少推力，和發動機的種類、空速（飛行器與氣流的相

對速度）及飛行高度有關。概略來說，空速變高時：

- 往復式螺旋槳引擎：能提供的最大推力會下降，在接近音速時尤為明顯。
- 噴射引擎：隨空速的增加，能提供的最大推力會漸增。

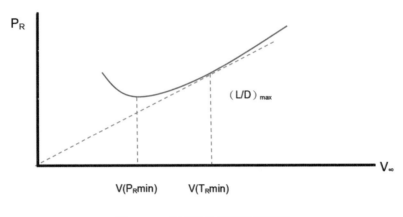

圖8.1.3　**需求功率與速度的關係**

　　推力畢竟只是單純力的大小，不含時間的因子，考量到時間因素後，比推力更重要的指標是功率。功率就是在單位時間內作功的大小；而功又等於「力」乘上「（功的）作用距離」，所以功率就等於「力」乘上「作用距離」再除上「時間」，也就等於「引擎的推力」乘上「飛行的速度」：

$$P（功率）＝T（推力）\times V（速度）$$

　　那麼，要怎樣才能讓引擎輸出最小功率時便能維持等速飛行呢？經過計算，當飛機調整到某一個攻角，使得 $C_{D,0} = \dfrac{1}{3} C_{D,i}$ 時，飛機維持水平等速飛行所需的功率是最小的，在此情況下，

發動機就可以最節省的輸出功率來運轉。

　　發動機在不同空速、不同高度之下，所能輸出的最大推力、最大功率也不同。

　　下方左側三張圖為活塞螺旋槳引擎飛機，右側三張圖為噴射引擎飛機。代號意義：R是最低需求（Require）；A是最大可獲得（Available）；T指推力（Thrust）；P指功率（Power）；V指速度（Velocity），V∞指的是不受物體干擾的自由氣流流速。

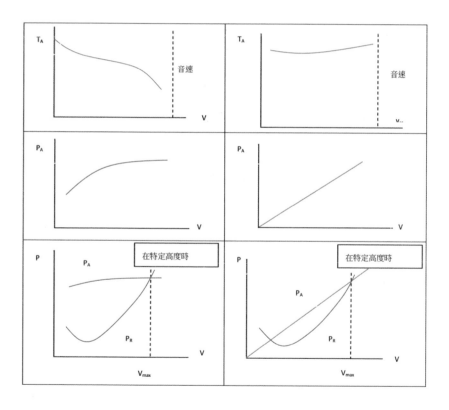

8.2　航程與續航力

圖 8.2.1　**酬載、航程和續航力是民航機最重要的飛行性能指標 / A350-900**
Photo: Facebook 小腹先生的航空與貓日常

　　航程是飛機能飛行的最遠距離，續航力是飛機最長的滯空時間。

　　必須注意到的是，往復式螺旋槳引擎與噴射引擎由於輸出功的形式不同，因此油耗及航程、續航力計算方式並不同。由於本書重點是使用噴射引擎的大型民用客機，因此對於往復式螺旋槳引擎的部分只會簡單帶過。

　　由於輸出功的形式不同，往復式引擎（輸出軸功）與噴射引擎（單位時間內賦予氣體動能）的油耗計算方式並不相同。

對往復式引擎螺旋槳飛機來說，它的油耗c是以「每單位功率每單位時間所消耗的燃油重量」（Specific Fuel Consumption，SFC）來計算：

$$\text{SFC} = \frac{lb\ of\ fuel}{(bhp)(h)} = c$$

bhp為制動馬力（Shaft Brake Horsepower），也就是螺旋槳實際輸出馬力，h為時間，單位是秒。

對噴射引擎來說，它的油耗是以「每單位推力每單位時間所消耗的燃油重量」（Thrust Specific Fuel Consumption，TSFC）來計算：

$$\text{TSFC} = \frac{lb\ of\ fuel}{(lb\ of\ thrust)(h)} = C_t$$

接著，我們定義以下三種重量：

- W_0＝飛機全重（含燃油與載重）
- W_f＝燃油重量
- W_1＝不含燃油的飛機重量＝$W_0 - W_f$

在這裡，我們對重量微分，便能得知：

$$dW_f = dW = -cPdt$$

$$dt = -\frac{dW}{cP}$$

$$Vdt = -\frac{VdW}{cP}$$

故續航力（單位：秒）

$$E = \int_{W_1}^{W_0} dt = \int_{W_1}^{W_0} \frac{1}{cP} dW$$

航程（單位：英呎或公尺）

$$R = \int_{W_1}^{W_0} V dt = \int_{W_1}^{W_0} \frac{V}{cP} dW$$

對噴射引擎來說：

$$dW = -C_t T_A dt$$

$$dt = \frac{-dW}{C_L T_A}$$

因此，航程為：

$$R = 2\sqrt{\frac{2}{\rho S}} \frac{1}{C_t} \frac{C_L^{\frac{1}{2}}}{C_D} (W_0^{1/2} - W_1^{1/2}) \text{。}$$

$C_{D,0} = 3C_{D,i}$ 時，$C_L^{1/2}/C_D$ 有最大值。

續航力為：

$$E = \frac{1}{C_t} \frac{C_L}{C_D} ln \frac{W_0}{W_1}$$

$C_{D,0} = C_{D,i}$ 時，C_L/C_D 有最大值。

對噴射機而言，調整飛行的攻角，飛在本章「飛行速度與需求推力」TV圖中最小需求推力的點（即最高 C_L/C_D 的點），會有最大續航力；飛在最高 $C_L^{1/2}/C_D$ 的點（從原點出發的直線切於TV圖形的點），則會有最大航程。

除此之外，飛機的航程和續航力還受到發動機耗油率、燃油重量與機體結構重量等非氣動力外型相關因素影響。

8.3　水平加減速

　　飛機只要增加推力，使其推力大於阻力，就能實現水平加速。

　　只不過飛行速度增加時，通常機翼產生的升力也會跟著增加（因為動壓增加了），所以通常會配合襟翼或縫翼的調整，或飛機本身攻角的改變，使得飛機所獲得的升力保持不變，以便維持等高度飛行。

　　若要減速，飛機可藉由攻角、襟翼或縫翼的調整，來使其阻力變大，當阻力大於當前推力時，飛機就會減速。

　　引擎的推力（T）和飛機重量（W，此處是指重「力」：W=mg）的比值稱為推重比（Thrust to Weight Ratio）：

$$T/W = \frac{T}{mg}$$

這個指標對許多飛行性能有著深遠的影響。

8.4 爬升與下降

　　爬升，則是藉由輸出比當前需功率更大的功率，讓飛機沿一定的角度向上爬。

　　發動機所輸出的功率等於「推力」（T）乘上「空速」（V）。
　　飛機所需的「最小功率」為「最小推力」乘上「空速」。由於最小推力飛行為等高等速飛行，在這情況下，最小推力會等於阻力，因此「最小功率」也就是「阻力」（D）乘上「空速」（V）。這兩者的差距就是「多出來的功率」，稱為「剩餘功率（Excess Power）」：$T \times V - D \times V = TV - DV$。

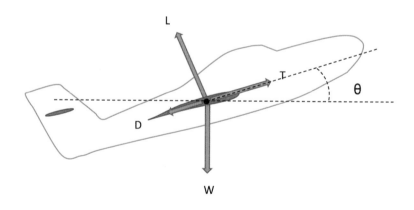

圖8.4.1　爬升的合力分析

而飛機機鼻上仰 θ 度時的爬升率是高度的增加率，也就是飛行速度的垂直分量（Vsin θ）。

此時我們可以分析各方向的力：

$$推力 T ＝阻力 D + W \sin\theta$$
$$升力 L = W \cos\theta$$

所以爬升角 θ 的正弦值（sine）為：

$$\sin\theta = \frac{T-D}{W}$$

接著我們便可獲得爬升率 $V\sin\theta$ 為：

$$V\sin\theta = \frac{TV-DV}{W}$$

換句話說，「爬升率」（Rate of Climb, 以下簡寫為 R/C）等於「剩餘功率」除上「重量」：

$$R/C = \frac{TV-DV}{W}$$

又由於 $R/C = \dfrac{dh}{dt}$，故可以用積分算出從高度 h_1 爬升到高度 h_2 的所需時間：

$$t = \int_{h_1}^{h_2} \frac{1}{R/C}\ dh$$

當飛機不斷爬升到特定高度，使爬升率降低至 100ft/min 時，此高度稱為飛機的實用升限；若再繼續往上飛直到爬升率為

零的高度時，則稱該高度為絕對升限。

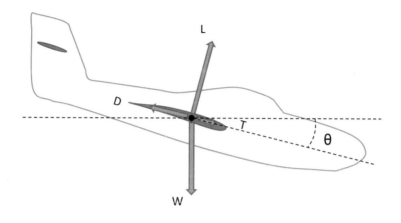

圖8.4.2　**下降的合力分析**

　　飛機在下降時，其在阻力方向（即下滑方向）和升力方向的
受力分別為：

$$T + W \sin \theta = D$$
$$W \cos \theta = L$$

因此下降角 θ 的正弦值（sine）為：

$$\sin \theta = \frac{D - T}{W}$$

接著我們就可以獲得下降率 $V \sin \theta$ 為：

$$V \sin \theta = \frac{DV - TV}{W}$$

無動力下滑時（參照前面提到的第三、第四個式子，但 T=0），下滑角的餘弦值：

$$\tan\theta = D/L = \frac{1}{L/D}$$

　　由此可知「下滑角的餘弦值」和「升阻比」成「反比」。

8.5 | 轉彎

　　至於飛機的轉彎，以等高度轉彎來說，可以用極座標來描述它的速度與加速度。但我們通常把它簡化成轉彎的曲率半徑為常數的情形，也就是圓周運動。

　　當飛機滾轉一個角度來執行水平等高度轉彎時，它的重力依然向下，但它的升力作用方向就和鉛垂線形成了一個夾角；升力的垂直分量繼續扮演升力原本的角色——抵銷重力以維持等高度飛行，而升力的水平分量便會提供圓周運動的向心力。

與水平直線飛行時相比，飛機等高度轉彎的升力垂直分量必須完全抵銷重力，故飛機需要比原來更大的升力才行，這也就代表轉彎中的飛機通常需要發動機提供更大的推力。

　　這裡要定義兩個飛行性能指標：翼負載和負載係數。

　　翼負載（Wing Loading）等於重力除以翼面積，也就是每單位翼面積（S）承受多少飛機的重量（W）：$\frac{W}{S}$。

　　負載係數 n（Load Factor）則是「當前的升力」（L）除以重力（W），換句話說，負載係數就是所謂的「G力」，負載係數 n $= \frac{L}{W}$。

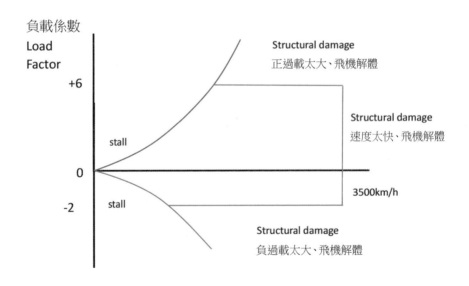

圖 8.5.2　**翼負載與速度的關係圖，藍色線包圍區域是飛機的操作範圍。**

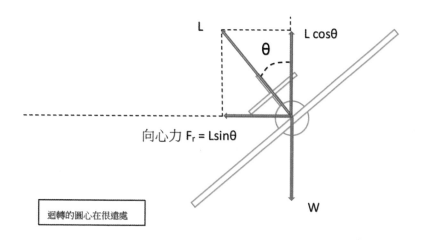

圖8.5.3 **轉彎的合力分析**

升力的垂直分量等於重力：

$$L \cos\theta = W$$

升力的水平分量等於向心力：

$$L \sin\theta = F_r$$

由於

$$\sin^2\theta + \cos^2\theta = 1$$

$$\sin\theta = \sqrt{1 - \cos^2\theta}$$

故：

$$F_r = L\sqrt{1 - \cos^2\theta} = \sqrt{L^2 - L^2\cos^2\theta} = \sqrt{L^2 - W^2} = W\sqrt{(L/W)^2 - 1} = W\sqrt{n^2 - 1}$$

又圓周運動的向心力公式：

$$F_r = m \times \frac{V^2}{R} = \frac{W}{g} \times \frac{V^2}{R}$$

綜合以上兩式，

我們可以得到飛機的迴轉半徑：

$$R = \frac{V^2}{g\sqrt{n^2 - 1}}$$

飛機的迴轉角速度

$$\omega = \frac{d\theta}{dt} = \frac{g\sqrt{n^2 - 1}}{V}$$

　　由此可看出，負載係數 n 愈大或速度愈小時，飛機的轉彎半徑 R 就愈小，角速度 ω 就愈快。然而負載係數卻不能無限大，因為機身的結構強度有限制（通常大型民用客機的機身結構能承受的 G 值比戰鬥機小很多），而且人體能承受的極限 G 力大致在 -3G ～ +9G 之間。

　　飛機垂直轉彎的情形（類似摩天輪那樣轉圈），只需要在畫受力圖的時候再多加入重力的考量，並依循相同的方法去分析即可。

8.6 　起飛與降落

　　人類的航空技術經過一百多年的發展，飛機性能愈來愈好，然而，卻有一項制約飛機使用的因素，始終難以克服──那就是飛機起降需要跑道（垂直起降戰機是少數例外）。

　　為什麼呢？我們知道，飛機的升力必須大於重力，它才會往上飛；對於停在地面上欲起飛的飛機而言，要獲得升力必須依靠升力係數、翼面積與動壓這三大元素。

　　然而在地面，飛機無法調整攻角增加升力係數，只能靠縫翼和襟翼增加一些，無法起到決定性的作用；同時翼面積是固定的，動壓之中的空氣密度和機場的海拔高度有關，也無法改變，所以可調控的就只剩下速度。

　　好在，速度加快，可以成平方倍增加動壓，也就是成平方倍增加升力；一定大小的動壓也可以讓舵面去改變飛機的姿態、增加攻角，進而獲得更多升力等──但是這一切的前提都是飛機要在地面上獲得速度，也就是說，飛機必須要有一條專供滑跑的跑道，供飛機滑跑加速，才能夠順利起飛。

　　一架飛機起飛的距離和飛機的起飛重量、飛機的氣動力外型（機翼面積、全機的升力係數和阻力係數）、機場的空氣密度、發動機起飛時的推力（比如說海平面、靜止時的最大推力）、機輪和跑道的摩擦力等因素有關。

至於飛機的降落，飛行員會藉由速度和升力係數的調控（調整飛機攻角、襟翼、縫翼），不斷調整飛機升力的大小，讓飛機的升力逐漸下降。當升力小於重力時，飛機的高度就會降低，但是飛機下降太快可能會變成「砸」到地面上，所以說這個過程就必須盡可能徐緩，升力也就沒辦法一下子就下降很多；在還未抵達跑道前的進場階段，飛機即便飛得很低、很慢，有一定的下降率，卻也還是在飛行，升力和速度仍得維持住。所以，降落時的飛機，通常都有一定的速度，也就無可避免需要一段跑道來「煞車」了。

　　一架飛機的降落距離和主起落架的煞車系統、飛機的降落重量、飛機的氣動力外型（影響著進場速度的高低）、機輪和跑道的摩擦力、擾流板和發動機反向推力裝置的使用、機場的空氣密度等因素有關。

機型	巡航速度	最大酬載量	滿座下的航程
A330-300	0.82 Mach	45.6t	11750 km
B787-9	0.85 Mach	53t	14010 km
A350-900	0.85 Mach	53.3t	15000 km
B777-300ER	0.84 Mach	68.5t	13650 km

註：表格中「最大酬載量」和「座位數全滿（但未達最大酬載）的參考航程」是指兩種不同的情況、不同的使用場景，任一橫列中，左右二欄位的酬載量和航程並不能同時達到。

表：四型廣體客機的飛行性能表現

不同航空公司會有不同座位配置，這裡所謂座位數全滿的航程，只是參考該機型的「典型」座位布局，在全滿的情況下所對應到的航程，數字僅供參考。

此外，座位數全滿的情況未必就會達到「最大酬載量」（或許還可在貨艙承載更多貨物，以及航空公司的座位配置可能因為要留出空間給頭等艙／商務艙等的關係，不是最大座位數的布局）；若飛機真的在最大酬載的情況下，則它的航程相較最右直行會再短一些。

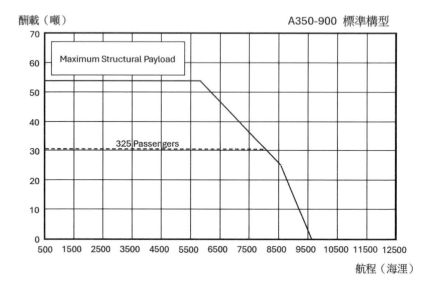

圖 8.6.1　A350-900航程與酬載的關係圖

　　原則上，飛機的酬載（人員和貨物）愈重，就愈飛不遠（航程短）；酬載愈輕，就能飛得愈遠（航程長）。所以航程和酬載是呈負相關的。

　　但由於結構上的因素，飛機的酬載是有上限的，以A350-900標準構型為例（燃油容量140795公升），其所能負擔的最大酬載是53.3噸，這是極限，不能再重了，如圖中水平線；若酬載持續減輕，則航程可以愈來愈長，如圖中斜線部分；最後，如果酬載幾乎為零，則它的航程可以超過9500海浬，如圖中線條右下最末端。

　　在某種艙等配置使得總乘員325人，且平均每個人和行李共重95kg的情況下，酬載為30.875噸，航程可達8000海浬，如圖中虛線和實線的交點。（1海浬＝1.852公里）

台北到各城市的最短距離：

上海：674 km　東京：2182 km　新加坡：3212 km　雪梨：7260 km

法蘭克福：9382 km　倫敦：9529 km　洛杉磯：10942 km　紐約：12565 km

	常見機型	載客量（人）	航程 （對應載客人數）
區域型小客機	華信 ATR-72-600	70	1370km (72)
窄體客機	華航 A321neo 華航 B737-800	180 158/161	7400km (206) 5435km (162)
廣體客機 （中）	長榮 A330-200 華航 A330-300 B787-8 長榮 B787-9 長榮 B787-10	252 309/323 248 304 342	13450km (247) 11750km (272) 13530km 14010km (296) 11730km (336)
廣體客機 （中大）	華航 A350-900 A350-1000 B777-200ER 華航 B777-300ER	306 350-410 313 358	15000km (325) 16100km 13080km 13650km (396)
廣體客機 （大）	華航 B747-400 A380-800	375 550	14205km (416) 15700km

其中 B787 和 A350 是較新的飛機。

（B747, A380 的載客數以三艙等計算，其餘皆以兩艙等計算）

表：各型飛機的載客量與航程參考

結語

B747-400F /Photo: IG rulong.aviation

〈設計作為一種對最終產品的整體考量，比須以更周延的觀點來看待——以展弦比和旁通比為例〉

增加機翼的展弦比，可以讓機翼有更高的升阻比；增加渦扇引擎的旁通比，可以讓引擎有更好的燃油效率。既然好處這麼明顯，而且上述兩者增加愈多，好處就愈多，那為何不把展弦比和旁通比都加到超大？

要回答這個問題之前，必須先修正一下前面的敘述中有點不精準的地方。若我們以更加周全的角度思考，增加主翼的展弦

比，這樣的行為，不能狹隘地把它看成是在「放大某種優點」，應該更精準地說，這樣的行為，是在「放大某種特徵」，某種設計上的特徵。

「特徵」是個中性的詞，可能有好有壞。

大多數工業產品設計上的某一種特徵（Feature），都內含著一些好處和壞處，只不過它可能好處是10分，壞處只有3分，有程度上的差別。

就拿增加主翼展弦比這件事來說，增加展弦比當然可以讓機翼有更高的升阻比，這沒問題，如果是從戰機機翼那種低展弦比機翼，提升到教練機或常見的民航機那種高展弦比設計，那的確，我們可以說主翼在三維流場中的升阻比增加了，這是帶來好處，但如果我們走極端路線呢？比如繼續加大展弦比，把它做成像滑翔機或者U-2那種樣子，這是件好事嗎？

展弦比作為一種主翼設計上的「特徵」，放大這個「特徵」，會帶來怎樣的效果，必須中性客觀地看待。

我們在放大這項「特徵」時，放大它優點的同時，它的缺點也會被放大，只不過，如果它的優點是10分、缺點只有3分，那確實，在不走極端路線的情況下，「適量」放大是會帶來明顯好處的（相形之下缺點被放大後仍然不嚴重，幾乎可忽略）。但是，如果走極端路線，不斷地放大這項「特徵」，那優點的部分，由於邊際效應遞減，其所帶來的改進仍有，但不再像以往那麼大了；相反地，缺點的部分，被放大之後，儘管相對優點還是較小，但如果我們不看優點和缺點的「相對值」，而看（放大後）缺點的「絕對值」，那缺點的絕對值，可能就超出我們這整

套系統的容忍度了。

　　對於展弦比從戰鬥機主翼那種低展弦比提升到民航機主翼那種高展弦比，這就屬於前述第一種情況，優點的放大很明顯，缺點即便放大後仍很小；但如果是極端路線，把主翼展弦比進一步搞得像滑翔機那麼大，那就變成優點的邊際效益已在遞減，缺點的「絕對值」卻逐漸被放大到不可接受的程度。

　　展弦比太高會造成怎樣的問題？第一是結構，機翼是個樑的構造，展弦比愈高（即愈細長）的機翼，它抗彎矩的效果就愈不好，所以要麼這架飛機不能做過載係數太高的飛行動作，要麼我們用更多的材料去加強主翼的結構強度，但這會使機翼變更重，增加整架飛機的結構重量，對於航程、續航力、油耗、升阻比（更大的飛機重量會讓機翼必須產生更多升力才足以維持水平飛行，而機翼產生更多升力的同時就會產生更多誘導阻力）等的改善程度，也會下降。

　　其他會造成的問題還很多，比如最大飛行速度可能會下降，ATR-72的巡航速度能像A350那麼快嗎？A350那類民航機能像F-22一樣超音速（甚至超音速巡航）嗎？顯然不行。

　　還有，777X的翼展那麼長，原本應該是很多機場都不能讓它降落、滑行的，但它有一個翼尖可以摺疊的機構，才解決了這個危機。不過，翼尖摺疊機構及驅動它的液壓系統，都是多出來的重量。

飛機的設計是在眾多飛行的性能中找到最佳化兼顧各方的最佳設計點（Optimal design point），一架飛機的需求很多，以民航機為例，可能有最大酬載、最大飛行速度、升限、在中低空的最大爬升率，在各種酬載條件下的航程和續航力、起飛降落滑跑距離、機體使用壽命、噪音、造價等。因此，在找最佳各方妥協點的時候，通常不會很極端地去放大某項特徵，以避免放大某項特徵所帶來的壞處影響到其他方面的設計考量。

　　只有那種很極端追求某些性能，只要那項性能極度優秀，其他都可以不管的飛機，才會採取那種很極端的設計。比如U2和SR-71，一個是只管升限其他都幾乎不管，一個是只管最大飛行速度其他都不管。

　　加大渦扇引擎旁通比也是同樣的意思，旁通比太大，就較難超音速飛行，引擎的旁通比是個很重要、牽連甚廣的參數。一個引擎的旁通比的選擇，和它想最佳化的飛行高度（不同高度對應到不同空氣密度，而空氣密度對噴射引擎來說是項重要參數）、飛行馬赫數有關，還跟該引擎在某些進氣條件下，被要求的推力表現、油耗表現有關。

　　除了以上那些，高旁通比渦扇引擎的缺點還有：較大較長的風扇葉片在製造上的難度（因為要兼顧一定的結構強度）；較大的風扇帶來較大的轉動慣量，使得飛行員要改變推力輸出的大小時，引擎需要比較多的反應時間；較大的風扇會造成較大的引擎短艙直徑，必須加長起落架（這不容易，起落架長度不是說改就改的），使飛機高一點，引擎才不會離地面太近。

最後，以一點飛機設計的概念來為這本書做個小小的總結：實際上，設計是一個各方妥協、不斷優化的過程，很多東西都會互相影響、牽連在一起。又，放大某些特徵時，優點和缺點也會一起被放大，到某個程度時，缺點的絕對值就會變得不可接受，因此，除非是本來就很偏激的飛機，不然一般情況下，飛機某些看起來很棒的設計（如高展弦比、高旁通比），是不會、也不能被無限放大的。

準備降落台北松山機場的 B787-8/ Photo: IG aviation_rc.andy

推薦網路資源

作者 FB 粉專：航向三萬英呎
https://www.facebook.com/107029551829016/

作者飛機研究資料雲端硬碟（不定期更新）
https://drive.google.com/drive/mobile/folders/1aZkQ
Lq6ezrscai525r3zOCogA_39of6N?usp=drive_link

Youtube 頻道：馬卡耶夫
https://www.youtube.com/@Makayev

Youtube 頻道：單單機長說
https://www.youtube.com/user/tropria1121

Youtube 頻道：機坪夜話
https://www.youtube.com/@GPINTALK

Youtube 頻道：機長說什麼
https://www.youtube.com/@FlywithRyan

Facebook 粉絲專頁：
玄武雙尊－俄羅斯第五代戰機
https://www.facebook.com/russiat50su35bm

Facebook 粉絲專頁：
小腹先生的航空與貓日常
https://www.facebook.com/fufucouple

Facebook 粉絲專頁：
IDF 經國號
https://www.facebook.com/IDF.Chingkuo

Podcast 節目：
卅後派對（30afterparty）
https://podcastaddict.com/podcast/4798172

Podcast 節目：
聯合報 部隊鍋
https://podcastaddict.com/podcast/4530737#google_
vignette

Instgram 帳號：
rulong.aviation

Instgram 帳號：
aviation_rc.andy

Instgram 帳號：
dc_ah

B777-300ER巡航於日本上空，於2019年8月底前往札幌／作者攝

國家圖書館出版品預行編目（CIP）資料

飛機設計與運作原理：探討空氣動力學、引擎與
機體結構、航電系統及安全性設計／王皞天著.
-- 初版 . -- 臺中市：晨星出版有限公司，2024.07
面；　公分 . --（知的！；231）

ISBN 978-626-320-801-8（平裝）

1.CST: 飛機工程

447.6　　　　　　　　　　　　　　　113002720

知的！231	飛機設計與運作原理
	探討空氣動力學、引擎與機體結構、航電系統及安全性設計

填回函，送 Ecoupon

作者	王皞天
審訂	賴維祥
主編	吳雨書
校對	吳雨書
封面設計	ivy_design
美術設計	黃偵瑜
創辦人	陳銘民
發行所	晨星出版有限公司
	407 台中市西屯區工業 30 路 1 號 1 樓
	TEL:（04）23595820　FAX:（04）23550581
	E-mail:service@morningstar.com.tw
	http://www.morningstar.com.tw
	行政院新聞局局版台業字第 2500 號
法律顧問	陳思成律師
初版	西元 2024 年 07 月 1 日　初版 1 刷
讀者服務專線	TEL:（02）23672044 /（04）23595819#212
讀者傳真專線	FAX:（02）23635741 /（04）23595493
讀者專用信箱	service@morningstar.com.tw
網路書店	http://www.morningstar.com.tw
郵政劃撥	15060393（知己圖書股份有限公司）
印刷	上好印刷股份有限公司

定價 450 元

ISBN 978-626-320-801-8
Published by Morning Star Publishing Inc.
Printed in Taiwan